スマートフォンUI
デザインパターン

心地よいユーザーインターフェースの原則

鈴木 雅彦
masahiko suzuki

技術評論社

●免責

　本書に記載された内容は、情報の提供のみを目的としています。したがって、本書を用いた運用は、必ずお客様自身の責任と判断によって行ってください。これらの情報の運用の結果について、技術評論社および著者はいかなる責任も負いません。

　本書記載の情報は、2013 年 6 月 1 日現在のものを掲載していますので、ご利用時には、変更されている場合もあります。

　また、ソフトウェアはバージョンアップされる場合があり、本書での説明とは機能内容や画面図などが異なってしまうこともあり得ます。本書ご購入の前に、必ずバージョン番号をご確認ください。

　以上の注意事項をご承諾いただいた上で、本書をご利用願います。これらの注意事項をお読みいただかずに、お問い合わせいただいても、技術評論社および著者は対処しかねます。あらかじめ、ご承知おきください。

●商標、登録商標について

　本文中に記載されている製品の名称は、一般に関係各社の商標または登録商標です。なお、本文中ではTM、® などのマークを省略しています。

はじめに

「スマートフォンのUI設計を、もっと効率的に行えないだろうか?」この本を執筆するきっかけは、そんな些細な悩みから始まりました。

2012年、スマートデバイスの台頭に合わせて、私のところにやってくる相談依頼の多くが、これまでのPC向けから「スマートフォンのWeb制作」や「アプリケーションの開発」へと移っていきました。手に取るように実感できる変化の中で、私と同じような悩みを抱える人たちの一助になればと思い、完成したのが「スマートフォンUIデザインパターン」です。

一般的に、Web系と言われる開発現場の、「プランナー」「ディレクター」「デザイナー」など、少なくとも「インタフェースの設計」に関わる方たちは、日々、目の前の業務に追われています。単なる論評としてではなく、あくまでも「実用書」として活用できるよう、これまでの経験と実例をもとに、設計のポイントがすぐにわかるよう心がけました。

ヒントを得た本は、クリストファー・アレグザンダーの『パタン・ランゲージ ー環境設計の手引ー』です。

アレグザンダーは、著書の中で「個々のパターンが集合しランゲージを形成することで、1つのコミュニティが成り立つ」と説明しています。

これをWebに置き換えると、いくつかの「デザインパターン」が集まって、情報と機能を併せ持つ「インタフェース」が形成され、1つの「Webサイトやアプリケーション」が成立する、と言えると思います。

Webサイトやアプリケーションも、言うなれば「デザインパターンの集合体」でしかありません。

デザインパターンの集合体として、完成したWebサイトやアプリケーションは、意匠家のそれと同じで「設計思想」が感じられるものです。スマートフォンUIのデザインパターンは複数ありますが、何かひとつの目的を達成させる画面を別々の人に設計してもらうと、各人が考えた様々なインタフェースが出来上がります。ただ、その中でも、うまくデ

ザインパターンを組み合わせて設計された「よいインタフェース」と、そうでない「悪いインタフェース」ができることがあります。

　その違いはどこにあるのでしょう？

　ひとつ鍵になるのは、それが「利用者の行動を想定した設計なのかどうか」というところにあると思います。

　そこで、本書は次の4つのシーンに分けて構成しました。

(1) 情報検索
(2) 情報入力
(3) 情報共有 / 発信
(4) 情報閲覧

　これらは、スマートフォンを手にしたユーザーの行動を大別したものです。それぞれのシーンごとに、実際、よく目にするWebサイトやアプリケーションの事例を踏まえながら、スマートフォンUIのデザインパターンの考察とメリット / デメリットをまとめてあります。

　これから、スマートフォン向けのWebサイトやアプリケーション開発に関わる方々が、いざ設計となった場合に、本書を手に取って想定される利用シーンをひもとけば、そのデザインパターンの善し悪しがわかってくることと思います。

「スマートフォンならではの、何か特別な技巧を使わない限り、ユーザーが満足するUIなんてできないのでは？」

　決して、そんなことはないのです。

　むしろ、「普遍的に使いやすいスマートフォンUI」は、「基本的なデザインパターンの組み合わせ」から成り立っていることのほうが多いと感じます。

　設計者の腕の見せ所は、まさにここにあるのです。1つ1つのデザインパターンの集合が「単なる部分の総和」ではなく「相乗効果を持つイ

ンタフェース」となり得るには、そこにどんな設計思想を「シグナル」として打ち込むかに尽きると思います。

・なぜ、このデザインパターンなのか？
・どうしてこれが効果的なのか？
・その妥当性はどこにあるのか？

　設計したインタフェースに対して、クライアントから説明を求められることもあるかもしれません。「もっと、華やかなギミックを取り入れたUIの方がいいのではないか」と詰め寄られることもあるかもしれません。
　そんな時は、ぜひ本書を活用いただき、基本に立ち返ってインタフェースを設計いただければと思います。設計者の意思、その思想が感じられる「最良のインタフェース」が提供できることを願って。

■UXとUI
　Web系の雑誌などで「UX/UI」という言葉を目にすることがあります。実際には、それぞれ別の意味を持つ言葉ですが、このようにひとまとまりで表現されてしまうと、一体何のことなのか分からなくなってしまいがちです。そこで、Webの範囲に限定し、このUXとUIについて分かりやすくまとめてみたいと思います。
　UXは「User Experience」の略語で、あるWebサイトやアプリケーションを使った時に、対象者自身がどのような体験をするかというものです。
　例えば、ECサイトで特定商品を購入しようと思っているユーザーがいるとします。このユーザーが「商品を購入する」という目的を達成するまでには、

・サイトへアクセスする
・商品を探し出す

- 商品スペックなど検討する
- 購入手続きを完了させる

といったような一連の流れがあります。これら1つ1つの利用シーンで、ユーザーは実際の画面を操作しながら、「この EC サイト」での購入手続きを「体験」していきます。

　このように、実際にあるものを「操作」することで「体験」していくものもあれば、ユーザーが何かをきっかけに「想像」するということで得られる体験もあります。

　例えば、おすすめの iPhone アプリを紹介している雑誌があったとします。この雑誌を眺めているユーザーが、たまたま気になるアイコンのアプリを見つけて、その概要と機能の詳細を読んだとします。その時、ユーザーは頭の中で、次のような想像をするかもしれません。

- 画面キャプチャーのデザインが気になるな
- どんなことができるんだろう
- ダウンロードしてみようかな

　このように、何かをきっかけに自分の頭の中で「想像」することが「体験」となる場合もあるのです。

　どちらも一例にすぎませんが、両者に共通していることがあります。

　それは、「体験を通して得られる満足度や感情の変化」が「主観的」なものだということです。全く同じアプリでも、それを使って得られる満足度は人によって違います。この満足度によい影響を与えるように、Web サイトやアプリケーションのコンセプトメイク、全体像の設計、画面のデザインを行っていくのが「User Experience Design」と呼ばれる分野で、その過程で得られる副産物が「UI」となります。

　UI は「User Interface」の略語で、ユーザーがあるシステムを使っ

て情報をやり取りするための手段であり、Web サイトやアプリケーションの画面がそれにあたります。

　Web 系の開発現場では、一般的に、IA（Information Architecture）を担当するスタッフが、

- 全体像の定義（ハイレベルストラクチャーの作成）
- 構造設計（ユーザーフロー、サイトマップの作成）
- 情報設計（画面単位のインタフェース作成）

といった、言わば「設計作業」全般を行うことが多くあります。

　この画面単位のインタフェースとして出来上がるものが、Web サイトであれば「Web ユーザーインタフェース」となり、iPhone アプリであれば「タッチデバイスによるグラフィカルユーザーインタフェース」となります。ただ、どちらの呼称もあまり使われることはなく、両者とも、単に「UI（ユーザーインタフェース）」と呼ばれることがほとんどです。

　UI は、あくまでも情報をやり取りするための「手段」です。

　例えば、「ユーザーが目的達成できないような画面」や、仮にできるとしても「非効率で分かりにくい画面」というのは、それだけで「致命的」です。UI の善し悪しは、

- それを操作することで、十分な効果が得られるか
- 効率的に作業を遂行できるか

といったところに大きく影響します。

　また、先に説明した「UX」も、Web の範囲で考えれば、これらの「UI」を通した一連の体験にほかなりません。ユーザーの利用体験が「満足」いく結果をもたらすかどうかについても、実は両者が密接に関係しているのです。

第 1 章

よいスマートフォン UI の 4 原則　　　　　　　　003

原則 1. 無駄な要素が削ぎ落とされている
小さすぎる画面　　　　　　　　　　　　　　　　003
要素は情報と機能に分けられる　　　　　　　　　003
　情報　　　　　　　　　　　　　　　　　　　　003
　機能　　　　　　　　　　　　　　　　　　　　004

原則 2. 指で操作しやすい設計がなされている
指先を使った操作　　　　　　　　　　　　　　　005
目標のサイズと位置関係　　　　　　　　　　　　005
　1. 目標のサイズ　　　　　　　　　　　　　　　005
　2. 位置関係　　　　　　　　　　　　　　　　　006

原則 3. 目的達成までの手順が少ない
情報入力の難易度　　　　　　　　　　　　　　　008
ユーザーの仕事を減らす工夫　　　　　　　　　　008
　1. 画面遷移のフローが少ない　　　　　　　　　008
　2. タップ数を減らす　　　　　　　　　　　　　009
　3. 要素そのものを減らす　　　　　　　　　　　009

原則 4. 高速化に配慮した工夫がされている

低速なモバイルデバイス　　　　　　　　　　　　　　　　011
　1. スマートフォン用の画像を準備する　　　　　　　　011
　2. 画像ファイルを 1 つにしてリクエスト数を削減する　011
　3. 必要ない画像は削除する　　　　　　　　　　　　　012
　4. JavaScript による動的表現を最少限に留める　　　　012
　5. メモリ消費を小さくする　　　　　　　　　　　　　012

第 2 章

情報検索の
デザインパターン

アイコンはアクションと 1 対 1 で対応させる

なぜ、アイコンの内容が伝わらないのか　　　　　　　　　017
直感的にイメージしやすいアイコンにするには　　　　　　018
　ステップ 1：アイコンの機能ごとにカテゴリを分ける　　018
　ステップ 2：ユーザーに伝わらなければならないことを明確にする　018
　ステップ 3：単純なイメージの組み合わせで表現する　　019

アイコンではなくテーブル形式のナビゲーションにしてみる

アイコン型メニューのデメリット　　　　　　　　　　　　020
カテゴリの特徴をとらえ、
最適なナビゲーションを提供するためのポイント　　　　　021
　ポイント 1：同階層のメニュー数を把握する　　　　　　021

ポイント2：各メニューのラベリングの長さを調べる	022
ポイント3：アイコンとしてイメージ化しやすいかどうかを調べる	023

ナビゲーションは直感的に操作できる形状と質感にする

ナビゲーションとして機能するかどうか分かりにくいメニュー	025
ウェブでは当たり前のことが、スマートフォンでは実現できない	026
手がかりのポイントは形状、質感、記号追加にあり	026
ポイント1：形状	026
ポイント2：質感	027
ポイント3：記号追加	028

アイキャッチとなる記号や図形には一貫性を持たせる

手がかりがあっても使いにくいナビゲーション	029
まずは、手がかりのパターンを知る	030
1. 遷移	030
2. 開閉	030
3. 展開	030
細部にこだわったUIこそ、使いやすさの第一歩	031
ポイント1. 別々の記号や図形に、同じ意味を持たせない	031
ポイント2. 同じ記号や図形なのに、異なる意味を持たせない	031

テーブル型ナビゲーションの選択範囲は最大限確保する

押してみても反応しないナビゲーション	033
押せる範囲が分からないことは、ユーザーのストレスを助長させる	034
構成要素を把握する	034
選択範囲を最大限保証する	035

ユーザーが全体像を想像できるメニューはプルダウンにする

知ってる場所をすぐに選択したいのに、
思うようにいかないメニュー　　　　　　　　　　　　　　　036
鍵は階層構造の整理とプルダウンメニュー化にあり　　　　036
　1. 階層構造を整理する　　　　　　　　　　　　　　　037
　2. 全体像を想像できるものはプルダウンメニューにする　038

主要画面に遷移するグローバルナビゲーションは、どの画面からも起動できるようにボタンで配置する

トップに戻らないと別のコンテンツを表示できない　　　　041
大通りとなる道筋を示し、ボタン1つで表示できるようにする　042
　1. このサイト（アプリ）の主要画面は何かを整理する　　043
　2. ヘッダーエリアにボタンを設置する　　　　　　　　043
　3. ボタン選択時のアクションを考える　　　　　　　　044
　　ドリルダウン型　　　　　　　　　　　　　　　　　044
　　ポップアップウインドウ型　　　　　　　　　　　　045
　　画面スライド型　　　　　　　　　　　　　　　　　046
　　メガドロップダウン型　　　　　　　　　　　　　　046

ラジオボタンはラベル部分も選択可能にする

タップしてもチェックが変わらないラジオボタン　　　　　047
選択可能領域を大きくする　　　　　　　　　　　　　　048
　1. ラベル部分も選択可能にする　　　　　　　　　　　048
　2. 選択領域の囲みを作る　　　　　　　　　　　　　　048

検索結果が表示されていると分かるようにする

検索実行ボタンを押しても、何も切り替わらない画面　　　050

スマートフォンでは、ブラウザの縦スクロールに気づきにくい	051
アクション実行後の結果をファーストビューで見せるために気をつけること	051
1. 検索連動型広告は非表示とするか、末端に移動させる	051
2. キーワード検索、詳細検索などの検索エリアをファーストビューに表示させない	053
3. 検索結果だと分かるように、タイトル、ヒット数、表示件数などを強調する	054

検索実行までのステップが発生する場合には、現在のステップが何かを明示するとともに、エラーメッセージに注意する

検索の条件指定が分かりにくい画面	056
開閉するテーブル型ボタンに隠された入力欄	057
入力が複数ステップに分かれる場合のインタフェース設計	058
1. 入力ステップを示す道標を作る	058
2. ボタンの表現を具体化する	058
3. ユーザーに伝わるエラーメッセージにする	060

第 3 章

情報入力の
デザインパターン
性別、年齢など、ユーザーにとって明白なものは
ラジオボタンで選択させる

機能的に問題のない問い合わせフォームだが、
どこか使いにくいのはなぜか　　　　　　　　　　　　　063
最適な入力方法を検討せずに設計されたフォーム　　　　064
　ポイント 1：ユーザーにとって自明なものかどうかを考える　　064
　ポイント 2：選択項目の数を把握する　　　　　　　　　066
　ポイント 3：テキスト入力は、複数の入力エリアに分けすぎない　066

入力項目、記入例、フォームの
3 つの関係を分かりやすくレイアウトする

「どこに」、「何を」、「どのように」、
入力すればよいか分からないフォーム　　　　　　　　　069
表組のレイアウトではなく、
画面横幅を最大限活用したデザインにする　　　　　　　070
横幅を広げた「1 ブロックで 1 つの入力が完結する」
レイアウトのメリット　　　　　　　　　　　　　　　070
　1．入力項目とフォームの関係性が分かりやすい　　　　071
　2．入力例やサンプル表記を詳しく掲載できる　　　　　071
　3．エラー表記をブロック単位で行えるため、
　　どこを直せばよいかすぐに分かる　　　　　　　　　072
　4．拡大・縮小をしなくとも閲覧できる　　　　　　　072

アプリでは二者択一の選択項目に、スライドバー型のチェックボックスを活用する

PC 版ウェブアプリと同じ構成が、
スマートフォンでは操作性に弊害をもたらす　　　　　　　　　　073
スライドバー型のチェックボックスを有効活用する　　　　　　　074
 1. 選択範囲が大きいため、1 回のタップで切り替えが可能となる　075

 2. スライド内部のテキストで、
  実行後にどのような設定になるか想像できる　　　　　　　075
 3. タップだけでなく、左右のスライドでも変更できる　　　　076
 4. iOS の各種設定画面と似ているため、学習効率がよい　　　076

プルダウンメニューやチェックボックスは、ラベル部分も選択可能とする

何度押しても反応しないメニュー　　　　　　　　　　　　　　　077
ユーザーは自分の思い込みで操作してしまうもの　　　　　　　　077
選択項目の使い勝手をよくする 3 つのポイント　　　　　　　　　078
 ポイント 1. ラベルを選択できるようにする　　　　　　　　079
 ポイント 2. 選択可能領域を囲む　　　　　　　　　　　　　080
 ポイント 3. アイキャッチを追加する　　　　　　　　　　　080

ユーザーが読み取りにくいエラー内容の表示は行わない

全体を確認できないエラーメッセージ　　　　　　　　　　　　　081
吹き出し型のエラーメッセージをスマートフォンで
表示させる場合の注意点　　　　　　　　　　　　　　　　　　　082
 1. 簡潔なメッセージとなる文字数　　　　　　　　　　　　082
 2. 入力項目は 1 行に 1 つずつ配置する　　　　　　　　　　082

プルダウンは 1 つのメニューの文字数に注意し、10 文字を超えるような場合にはラジオボタンを採用する

全体を把握できないプルダウンメニュー　　　　　　　　　　　084
1. プルダウンメニューを採用し続ける場合　　　　　　　　　084
　　メニューの文字数　　　　　　　　　　　　　　　　　　085
　　メニュー名の抽象度　　　　　　　　　　　　　　　　　085
2. プルダウンメニューを採用しない場合　　　　　　　　　　086

エラー内容の表示順序は入力項目の順番と同じ扱いにする

どこを直せばよいか分かりにくいエラーメッセージ　　　　　088
上部表示のエラーメッセージで注意すべき 3 つのポイント　　089
　　1. 配置　　　　　　　　　　　　　　　　　　　　　　089
　　2. 遷移　　　　　　　　　　　　　　　　　　　　　　089
　　3. 表現　　　　　　　　　　　　　　　　　　　　　　091

第 4 章

情報共有 / 発信のデザインパターン
情報共有のための機能をまとめる場合には、冗長なアイコンにならないようにデザインする

一体、どこからシェアするのか分からない　　　　　　　　　097
アイコンの意図が伝わらず、
ページ末端にもシェア機能が存在しない　　　　　　　　　　098
　　問題点 1. アイコンの持つ意味合いが伝わらない　　　　098

問題点 2. ページの途中と末端にシェア機能が存在しない	099
アイコンのカテゴリを見直し、各所にシェア機能を配置する	100
1. 無理にアイコン化しない	100
2. コンテンツエリア内にシェア機能を配置する	101

シェアボタン選択後に、現在どのような状況なのかをユーザーに伝える

シェアボタンを押してみたが、何の応答もなくなってしまう	103
システム側のステータスが分からない	103
表現の違いだけで本質は同じ意味を持つ	104
1. プログレスバーを表示する	105
2. ロード中を示す矢印を表示する	105
3. ポップアップウィンドウを表示する	105

シェアアイコンは指で問題なくタップできる大きさにする

シェアアイコンが小さすぎて使いづらい	106
アイコンをきれいに並べても、使い勝手がよくなるとは限らない	106
1. アイコンの大きさが小さすぎる	107
2. アイコン同士が近すぎる	107
アイコンは指でタップできる大きさを確保し、配置する個数に応じて距離のバランスを取るようにする	107
1. アイコンの大きさの見直し	107
2. アイコンの個数の見直し	109

共有先が複数ある場合には、アイコンではなくボックス型のボタンにする

シェアアイコンが複数あって操作しにくい	110

アイコンが複数ある場合の対処法　111
　対処法1. アイコンはアイキャッチに使用し、
　　　　　ボックス型のレイアウトで選択範囲を大きく取る　111
　対処法2. 最も使われる共有機能をボックス型で配置し、
　　　　　それ以外をアイコンとしてまとめる　111
　対処法3. 利用頻度の状況から共有機能の取捨選択をし、
　　　　　アイコンの個数を減らす　113

同一画面内に複数のシェア機能を設置しにくい時には、シェア機能のみをポップアップ表示させる

ページ下部にメニューやリンクなどの要素が多すぎて分かりにくい　114
共有機能以外に掲載しなければならない情報が多すぎる　115
他の要素があっても、共有機能の見落としがないようにする　115
複数の共有機能をポップアップ表示させる　117
　1. ポップアップ内に複数のアイコンを配置する　117
　2. ポップアップ内に複数のブロック要素をボタンとして配置する　118

第5章

情報閲覧のデザインパターン
ローテーションメニューは、左右のフリックに対応していると分かるデザインにする

複数のイメージが切り替わることが分からないデザイン　123
フリックの存在に気づかせる3つの方法　124

方法1：フリックだけでなく「矢印」ボタンを配置する　　　　　　　　124
　　　方法2：複数のローテーションメニューがあることを伝えるための
　　　　　　　アイキャッチを配置する　　　　　　　　　　　　　　　　　124
　　　方法3：左右に半透過状態のビジュアル要素を配置する　　　　　　　125

縦長のフリック領域を連続させない
縦にスクロールできないトップページ　　　　　　　　　　　　　　　　　128
連続した左右フリック対応領域により、本来の閲覧が阻害される　　　　　129
改善のポイント　　　　　　　　　　　　　　　　　　　　　　　　　　　130
　　　1. フリック領域を連続させない　　　　　　　　　　　　　　　　　130
　　　2. フリック領域の大きさを各種端末で調べる　　　　　　　　　　　130

スマートフォンサイトでは
ページ上部にすぐに戻れる機能を追加する
ページ上部にすぐに戻りたいのだが…　　　　　　　　　　　　　　　　　133
各端末の基本機能でも違いがある　　　　　　　　　　　　　　　　　　　134
ページ上部に戻る機能を設置する　　　　　　　　　　　　　　　　　　　135
　　　1. コンテンツ終了部分にテキストリンクを設置する場合　　　　　　135
　　　2. フッターエリア部分にテキストリンクを設置する場合　　　　　　135

文字の読みやすさをサポートする
フォント切替 / サイズ変更機能を実装する
長文が延々と続くコンテンツ、スマートフォンで見るのは至難の技　　　　137
閲覧しやすいフォント、フォントサイズはユーザーごとに異なる　　　　　138
　　　1. フォントの種類　　　　　　　　　　　　　　　　　　　　　　　138
　　　2. フォントサイズ　　　　　　　　　　　　　　　　　　　　　　　138

複数の画像表示では、ページ切り替えではなく追加読み込み機能を実装する

ページ切り替えに手間がかかるインタフェース　　　　　　　　　140
PC と同じページング機能は、スマートフォンには不向きである　　141
　1. 操作方法の違い　　　　　　　　　　　　　　　　　　　　　141
　2. 画面解像度の違い　　　　　　　　　　　　　　　　　　　　141
ページングさせずに、追加読み込み機能で対応する　　　　　　　142
　パターン 1：画像一覧の末端に追加読み込みボタンを設置する　142
　パターン 2：画像一覧の末端までくると、
　　　　　　　自動的に追加読み込みが動作する　　　　　　　　142

画像を見やすくするには、「拡大後のフリック切り替え」か「一覧での表示切り替え」を実装する

小さすぎてよく分からない画像　　　　　　　　　　　　　　　　144
ユーザーは大きい画像で比較したい　　　　　　　　　　　　　　145
　パターン 1：拡大ページで左右フリックに対応させる　　　　　145
　パターン 2：サムネイルの大きさを切り替えるサブメニューを
　　　　　　　用意する　　　　　　　　　　　　　　　　　　　146

ユーザーの閲覧を妨げる過度な宣伝や案内は表示しない

サイト訪問と同時に突然表示されるバルーン　　　　　　　　　　148
意図しない情報は表示させない　　　　　　　　　　　　　　　　149
　パターン 1：閉じるボタンを明確にする　　　　　　　　　　　149
　パターン 2：表示時間を設定する　　　　　　　　　　　　　　151
　パターン 3：バルーン型の告知／案内をやめる　　　　　　　　151

xix

第 1 章

よい
スマートフォンUIの
4原則

1

　世の中には、いろいろな目的のサイトがあり、多種多様な機能をもつアプリが存在します。しかし、「よいスマートフォンUIとはどういうものか」を考えた場合、その根底には4つの原則があると考えられます。

原則1 無駄な要素が削ぎ落とされている

→小さすぎる画面

　スマートフォンでは限られた画面を使って、情報を閲覧したり、文字を入力したりすることが前提となります。その画面サイズは、iPhone4であればわずか3.5インチ、GalaxyS3でも4.8インチと非常に小さいものです。しかし、この画面上に表示させたい要素は無数にあるかもしれません。例えば、

- **このカテゴリがメニュー化されるなら、これも隣に置いておこう**
- **この商品はお客さんに見てほしいから、バナー広告として要素を増やそう**
- **この機能があるなら、別のこういった機能も設置しておこう**

というように、要素はどんどん増えていきます。本来であれば、必要でないものであっても、「クライアントの要望から配置せざるを得ない」という状況さえ生まれやすいものです。しかし、本当にこれでよいのでしょうか？

　優れたスマートフォンUIの多くは、必要最小限の要素だけを表示しています。必要のないもの、無駄な要素は大きく削ぎ落とされていることが多いです。

→要素は情報と機能に分けられる

　無駄な要素を削ぐためには、まず、「要素」について知る必要があります。なぜなら、UIを形成するのは、これら要素の集合体だからです。
　画面上に表示させる要素は、大きく分けると次の2つに分類されます。

情報

　コンテンツを形成するためのテキスト（タイトル、説明文、ラベルなど）や、写真、画像など。ユーザーが目にするもの。

機能
　コンテンツ間を行き来するためのもの。例えば、メニュー、ナビゲーション、アイコン、ボタンなど。ユーザーが操作するためのもの。

　この情報と機能が組み合わさって、1つの画面を作ります。
　よいスマートフォン UI は、これら 2 つの側面から、「この画面で本当に必要なものは何だろうか？」ということを問い、必要最小限の要素で形成されることを意識した設計がなされています。

| 原則2 | **指で操作しやすい設計がなされている** |

第 1 賞
よいスマートフォン UI の
4 原則

→指先を使った操作

　PC の場合、文字入力はキーボードを、カーソルの移動やアクションはマウスを使うことが一般的です。しかし、スマートフォンでは小さい画面を「指」を使って操作します。そのためサイトマップのような複数のテキストリンクで構成される画面を考えた場合、PC では問題なく操作できるのに、スマートフォンでは押し間違いが発生するというケースもあります。

- **マウスを使った細部のポインティング**
- **指先を使った大まかなタップ**

　この両者を比べてみれば、その正確さに違いが出てくるのは仕方ないことかもしれません。

　しかし、優れたスマートフォン UI では、このような操作方法の違いを意識し、指先でタップのしやすい画面レイアウトが提供されていると言えるでしょう。

→目標のサイズと位置関係

　指先でタップのしやすい画面レイアウトとはどういうものかを考えるとき、2 つのことがポイントになります。それは「目標のサイズ」と「位置関係」です。この 2 つについて、画面設計とデザインの工程でテストされた UI は、ユーザーの誤操作が非常に少なくなると考えられます。操作ミスが少なければ少ないほど、目的達成を効率的に行うことができます。それぞれを詳しく見ていきましょう。

1. 目標のサイズ

　画面上で、指先のタップにより何らかのアクションを実行させる代表的なものには、「アイコン」「ボタン」「メニュー」「テキストリンク」の

4つがあります。指先の平均的な大きさは変わりませんが、これら4つのサイズは設計者の意図次第でいかようにも変えることができます。

　例えば、iPhone4S（解像度326ppi）の環境下で、メインメニューとして20×20pxのアイコンを複数並べた画面を考えてみます。今、この画面を操作するユーザーの気持ちになり変わって、その行動フローを考えてみると、

- 複数のアイコンの中から、目的のものを探し出す
- 目標となるアイコンを指でタップする

という2つの行程が存在します。アイコンのサイズが小さくなればなるほど、この行程は「注意して見つけ出し、正確に選択する」という動作を強制することになります。このような正確さが求められる行動を、アイコンをタップするたびに要求されるとしたらどうでしょう？ 少なくとも、ユーザーは今見ている画面を閉じてしまうかもしれません。

　このように目標物が「指先で選択できる適度な大きさ」を維持していないと、ユーザーは「正確に操作すること」に集中しなければならなくなります。

2. 位置関係

　次に、各要素同士の位置関係も、よいスマートフォンUIには欠かせ

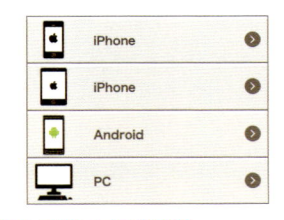

図1-2-1 ●「アイコン」「ボタン」「メニュー」「テキストリンク」の代表例
左からそれぞれ「アイコン」「ボタン」「メニュー」「テキストリンク」。

ません。例えば、上の例でアイコンのサイズを 30 × 30px に変更したとします。これを上下左右 1px だけ離し、連続して並べた場合を考えてみます。これでは、

- どこからどこまでが 1 つの要素か分かりにくい
- 目的のものを探し出すのに時間がかかる
- タップしたら、意図しない別の画面が展開された

といった問題が出てくる可能性が非常に高くなります。

　つまり、同じような要素が複数同時に現れると、ユーザーは目的のものを選び出すのに注意深く判断しなければならず、また、いざ見つけ出したとしても要素同士が近すぎるため、それを正確にタップすることが要求されます。これではよい UI とは言えません。

　「1. 目標のサイズ」と「2. 位置関係」は互いに相互に関係し、どちらか一方だけ配慮すればよいというものではないでしょう。特に優れたスマートフォン UI は、iOS や Android が公開しているガイドラインを参考に、目標物のサイズやその位置関係を決めるため、プロトタイプ下でのユーザーテストやデザイン面での微調整を行っているかもしれません。ユーザーが意識せずとも、「普通に」操作できる UI はよいスマートフォン UI となるために必要不可欠です。

図1-2-2●アイコンのサイズと位置関係
左：20×20pxのアイコンを複数並べた場合
右：30×30pxのアイコンを上下に近接させた場合

| 原則3 | **目的達成までの手順が少ない** |

➡情報入力の難易度

　スマートフォンは、指先による操作ですべてのアクションを行わなければなりません。遷移（別のページへ移動することの意味です）のためのメニューの選択、目的達成のためのボタンの実行、文字入力のためのキーパッドの操作など、これらの行動1つ1つを指先のみで行います。

　ユーザーは何かしらの目的をもって、ブラウジングしたりアプリを操作したりします。しかし、この目的を達成するための手順があまりにも多すぎる場合、過度な指先の操作を強制されることになります。これでは、ユーザーはそのコンテンツの利用に面倒くささを感じてしまうかもしれません。

　よいスマートフォン UI は、目的達成までの手順を最少に抑え、ユーザーの「仕事」を極力減らすよう努力されているものです。

➡ユーザーの仕事を減らす工夫

　では、仕事を減らすために、優れた UI はどのような部分に気を遣っているのでしょうか？ ポイントは次の3点にあります。

1. 画面遷移のフローが少ない

　まず1つ目は、画面遷移のフローが最小に設計されているというものです。一般的なお問い合わせフォームを例にとって考えてみます。

　PC と同じお問い合わせフォームで、お問い合わせを完了させるまでに「7つの行程」が必要だったとします。PC であれば問題ないのかもしれませんが、スマートフォンでの操作では、この行程ごとに「小さい画面を読み進めながら」、「アクションボタンをタップする」ことが必要になります。同じような操作を複数回実行させるような画面は、ユーザーの目的達成までにそれだけ時間を要することになります。

　よいスマートフォン UI は、画面遷移の数を極力最少にするように設

計上配慮がなされていることが多いです。この例で言えば、PCと同じ行程をそのまま踏襲するのではなく、スマートフォン用に「3つの行程」に短縮したお問い合わせフォームを提供するなど、全く別のUIを提供するなどの工夫が考えられます。

2. タップ数を減らす

　2つ目は、指先でタップする回数が最少に設計されているというものです。これは「1. 画面遷移のフローが少ない」に関連した項目になりますが、画面遷移の数が圧縮されれば、それだけ遷移するためのボタンは少なくなります。これは、ユーザーが次の画面へ進むためのボタンを選択する回数が減ることを意味します。

　よいスマートフォンUIは、タップによる選択が少なくなるように設計されています。タップによる選択が少なくなることで、最少の選択回数で目的を達成することができ、選択の際の誤操作などを減らすことができるためです。

3. 要素そのものを減らす

　3つ目は、1画面に表示される要素が必要最少限になるように設計されているというものです。これは、原則1の表示される要素を削ぎ落すという考え方に近いものですが、目的達成までの手順を最短にするためにも欠かせないポイントです。問い合わせフォームの例で説明すると、

- 要素の排除：本当に必要な入力項目なのか？ 必要なければ取り外す。
- 要素の統合：他の入力項目と一緒にできないか？ 可能であれば統合させる。

といった部分です。

　これらを精査していくと、1画面あたりに表示される入力項目は少な

くなっていきます。つまり、それだけユーザーが目的達成のために行う操作は限られたものとなり、結果として目的達成までの手順が少なくすみます。

| 原則4 | **高速化に配慮した工夫がされている** |

→低速なモバイルデバイス

　PCと比べた場合、基本的にどのようなモバイルデバイスでも、その通信速度は「低速」だと言えます。低速であるということを忘れ、見栄えのよさを追求するあまり、

- アニメーションなどの豊かな表現力
- ギミックを取り入れた振る舞い

といった高いクオリティのリッチコンテンツを提供しようとすると、画面の表示や処理に時間がかかってしまうという事態に遭遇します。中には、途中でブラウザが落ちてしまうということさえあるかもしれません。

　このように、効率的な目的達成ができないUIは、ユーザー体験を著しく損なう原因となります。よいスマートフォンUIの多くは、処理を軽くするための工夫がなされています。コンテンツを可能な限り高速化し、ユーザーの感じるストレスを最小限に抑えるような工夫にはどういったものがあるのか、いくつか紹介したいと思います。

1. スマートフォン用の画像を準備する

　高速化をすすめる上で、すぐに実践できるものは「画像サイズの軽量化」です。画像はファイルサイズが大きくなりやすく、また複数個同時に設置されることが多いため注意が必要です。例えば、PCで使っている画像をそのまま流用するのではなく、スマートフォン向けに軽量化したものを準備するなど、ちょっとした一手間でファイルサイズが相当圧縮できる場合もあります。

2. 画像ファイルを1つにしてリクエスト数を削減する

　「リクエスト数の削減」も高速化につながります。例えば、1画面に表示したい画像が複数個あるとき、画像ごとに別々のファイルとなって

いれば、その数だけサーバへのリクエストが発生することになります。
この複数の画像を「1枚のファイル」で準備して、位置の調整だけで画像を切り替えるような手法を取れば、余計なリクエストがいらなくなります。サーバとの通信が少なくなることから、結果として高速化されたUIを提供できるようになります。

3. 必要ない画像は削除する

　メニュー、ボタン、リンクなど、本来は画像でなくともよい部分まで画像化されている場合があります。例えば、アクションボタンなどで、存在を強調させるために画像を使って表現しているUIを見かけることがあります。しかし、画像を使わなくとも、スタイルシートの設定だけでボタンに対して「陰影や質感」を与えることは十分可能です。

　画像の表示そのものを減らしていくことは、その分、コンテンツを軽くすることにつながります。高速化させるためにも、「画像にしなければならない要素なのかどうか」を再確認しましょう。

4. JavaScriptによる動的表現を最少限に留める

　JavaScriptによるアニメーションやインタラクティブなコンテンツは、その振る舞いからユーザに対して利便性を提供するかもしれません。しかし、低速な回線環境においては、ユーザの行動を阻害してしまうことも多くあります。JavaScriptを使ったギミックや表現が、本当に必要なのかどうか、通信速度と機能を天秤にかけて、不要なものは大胆に削除することも必要です。

5. メモリ消費を小さくする

　スマートフォン用のアプリケーションを大別すると次の2つに分けられます。

- ネイティブアプリケーション：スマートフォンなどのローカル環境にシステムをダウンロードして使うアプリのこと
- ウェブアプリケーション：ローカル環境にシステムをダウンロードせず、ブラウザとインターネットを利用して操作するアプリのこと

　特に、ネイティブアプリケーションにおいては、メモリの消費が焦点となってきます。アニメーションなどは高速に動作しているが、その内側で「必要以上にメモリを消費」してしまっていることも多々あります。このような視点も踏まえながら、高速化されたUIを提供することが、よいスマートフォンUIにつながります。

第 2 章

情報検索の
デザイン
パターン

2

　ユーザーが求める情報へ効率よくたどり着かせるためには、どのようなことに気をつけなければならないのでしょうか？
　情報検索のデザインパターンと配慮すべきポイントについてまとめました。

アイコンはアクションと1対1で対応させる

第2章
情報検索の
デザインパターン

→ **なぜ、アイコンの内容が伝わらないのか**

一見すると統一感のあるアイコンでも、

- これだと思って押してみたら、**予想とは違うコンテンツが表示された**
- 自分の求める情報が、**どのアイコンで閲覧できるのか迷ってしまった**
- そもそも、**アイコンの内容や意図が理解できなかった**

そんな経験はないでしょうか？

例えば、図2-1-1はよく目にする航空会社のオンラインサイトですが、画面赤枠内の「予約確認／購入／チケット情報検索」というアイコンに注目してください。これはユーザーに対して、「予約確認、購入、情報検索」という3つの異なる機能を、たった1つのアイコンで表現しようとしています。

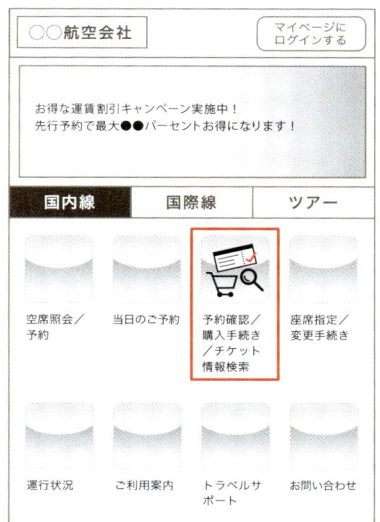

図2-1-1 ●よく目にする航空会社のウェブサイト
予約確認、購入、情報検索という3つの異なる機能を、たった1つのアイコンで表現しようとしている。

017

本来、アイコンは、ユーザーが直感的に内容を把握し、次の画面へスムーズに移行するためのメニューです。このように1つのアイコンに複数の意味を持たせてしまうと、ユーザーはそのイメージだけを見て、瞬時に内容を把握できない可能性が高くなります。

→直感的にイメージしやすいアイコンにするには
　ユーザーが迷わずに操作できるアイコンを提供するには、次のような3段階のステップに分けて設計してみましょう。

ステップ1：アイコンの機能ごとにカテゴリを分ける
　まずはじめに、1つのアイコンが持つ意味をできるだけ限定していくことが必要になります。
　例えば、上の例で考えた場合、「予約確認」、「チケット購入」という2つのメニューを、別々のカテゴリとしてまとめてみましょう。カテゴリが分かれることで、1つのアイコンのメニューとしての役割は限定され、より単純なものになっていきます。

ステップ2：ユーザーに伝わらなければならないことを明確にする
　次に、アイコンを見たユーザーが迷わずに操作できるには、それが「どのようなメニューであるのか」が伝わらなければなりません。予約確認というアイコンのイメージに必要なことは、「チケット情報を確認する」ためのメニューであることがすぐに伝わることです。同様に、チケット購入というアイコンのイメージでは、「予約したチケットを決済する」ためのメニューであることが伝わらなければなりません。
　このように、ユーザーが内容を把握するのに必要なキーワードを抜き出し、それを「わかりやすい1つの言葉」に置き換えることで、そのアイコンのイメージで何を表現しなければいけないかが明確になります。

ステップ3：単純なイメージの組み合わせで表現する

最後に、ステップ2で考えたキーとなる言葉に従い、アイコンをイメージ化します。

図2-1-2のように、「チケット情報を確認する」ためのメニューであれば、「チケットとチェックの記号」を組み合わせたアイコンとして表現します。同様に、「予約したチケットを決済する」ためのメニューであれば、「カートとチケット」を組み合わせたアイコンにしてみましょう。

このような3段階のステップで「機能」から「イメージ」に変更していくと、それぞれのアイコンの持つ意味が簡潔なものになっていきます。アイコンのイメージが単純に表現されたものであればあるほど、ユーザーは一目見てその内容を把握できる可能性が高くなるでしょう。他のアイコンも同じような過程で設計していくことで、直感的に操作可能なアイコンをメニューとして提供できるようになります。

図2-1-2 ● 予約確認とチケット購入を3段階のステップでアイコン化した具体例

アイコンではなく
テーブル形式のナビゲーションにしてみる

→アイコン型メニューのデメリット

　アイコン型のメニューは、限られた領域に複数個配置でき、さらにメニュー内容をイメージ付きで表示できるといった利点があります。その反面、

- **イメージで表しにくいアイコンは、ユーザーにその意図が伝わりにくい**
- **長すぎるメニュー名でレイアウトが崩れてしまい、統一感がなくなってしまう**
- **同じような要素が1画面に並ぶことで、余計に選びにくくなってしまう**

といった懸念点もあります。
　例えば、図 2-2-1 を見てください。アイコンのメニュー名（以降、

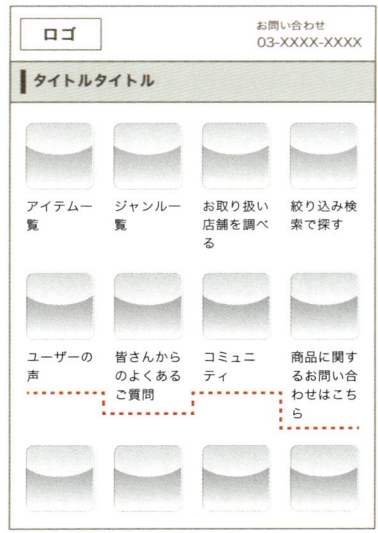

図 2-2-1 ●アイコンのメニュー名の文字数を考えずにアイコン化されたメニュー
点線で示すように段差が生まれてしまい、メニューとメニューのレイアウトが乱れてしまう。

ラベルと表現します）を一定文字数に統一できないと、ラベルによっては2〜3行になってしまいます。この場合、上下の余白が他と異なってしまうため、レイアウトが崩れてしまう結果となり、比較検討しながら選ぶという行為がしにくくなってしまいます。

　また、アイコンを1列に4つずつ配置し、それを5行程度まで表示させようとすると、1つの画面に20個ものメニューが並ぶことになります。同じような要素が近い場所に複数個並んでいることで、要素間の位置関係から競合している状態を生み出してしまいます。このような場合、ユーザーが直感的にメニューを選択できなくなる可能性があるでしょう。

→カテゴリの特徴をとらえ、
　最適なナビゲーションを提供するためのポイント

　ナビゲーションとして最も適切なものは何かを考える場合には、そのカテゴリがどのような特徴を持っているかを把握する必要があります。それによって、時にはアイコン型のメニューではなくテーブル形式のナビゲーションにした方がよい場合もあります。

ポイント1：同階層のメニュー数を把握する

　まず、情報設計の観点から、同階層にどのようなメニューが何個ぐらい並ぶのかを調べます。この過程では、メニュー数の大小を把握して、ナビゲーション化した場合に1画面あたりどの程度のメニューが表示されるのかを想像するのがポイントです。実際に、ペーパープロトタイプとしてラフスケッチを書いてみたりすると、今後の設計作業でどのような画面を作っていくのかイメージがわきやすいでしょう。

　メニュー数が10以上となると、図2-2-2のように1画面で表示できるメニュー数を超えてしまうため、ユーザーは全体のメニューをみながら選択することができなくなりますので注意が必要です。その場合に

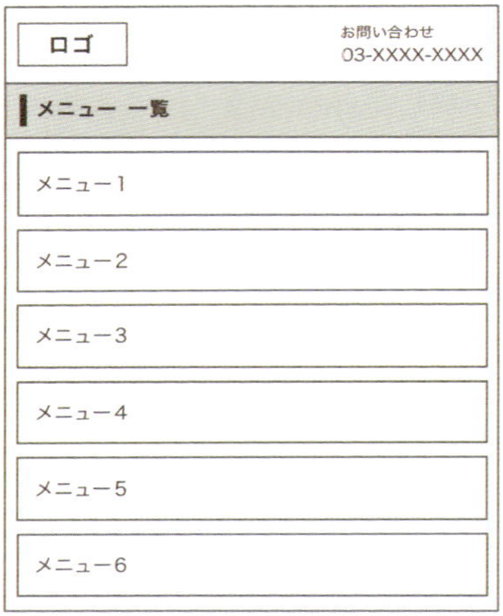

図2-2-2 ●テーブル型のナビゲーションを1行に1つずつ配置したパターン

大きさにもよるが、1画面に表示できるのはだいたい6～7個程度。複数になると画面を切り替えなければならず、全体を見ながら選択できなくなる。

は、カテゴリ同士の大小関係が適切かどうかを再検討します。

ポイント2：各メニューのラベリングの長さを調べる

次に、各メニューのラベルの長さについて調べます。

- **ラベリングの文字数が少ない場合**：全体的に文字数が少ない場合は、カテゴリ名の表現が抽象的に表現されていることが多いでしょう。そのような場合には、アイコン化して全体から選択させるとともに、抽象的な表現となっている名称をイメージで補完してあげた方が選択しやすいメニューとなるかもしれません。
- **ラベリングの文字数が多い場合**：全体的に文字数が多い場合には、カテゴリ名の表現は具体的で説明的なものになっていることが多いでしょう。そのような場合には、図2-2-3のように横長のテーブル型メニューとして、上から順に1つ1つ並べたほうが好ましいと言えるでしょう。つまり、ユーザーがそのメニューのテキストを読ん

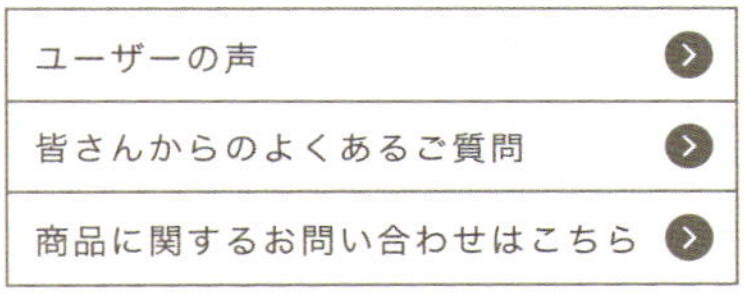

図 2-2-3 ● 横長のテーブル型
メニューに配置したパターン

カテゴリ名が具体的で、説明的な表現になっている場合には、横長のテーブル型メニューとして並べたほうが、テキストを読んで内容を理解しやすく可読性が増す。

で内容を理解しやすく、アイコンのラベルよりも大きい文字で表現でき可読性が増すためです。

ポイント3：アイコンとしてイメージ化しやすいかどうかを調べる

　最後に、そのカテゴリをイメージとして表現しやすいかどうかを調べます。テーブル型のナビゲーションではアイキャッチとなるワンポイントのアクセントがあったりしますが、メニューとしてそのアイキャッチの画像に依存している度合いは少ないでしょう。なぜなら、テーブル型のナビゲーションはテキストを読んで利用するものだからです。

　反面、アイコン型のナビゲーションであれば、カテゴリの特徴を示すためにイメージを使って表現しなければならず、画像への依存度合いは高いと考えた方がいいでしょう。アイコン型のメニューは、ユーザーが直感的に利用するためのものだからです。

　図 2-2-4 は、レンタカーの予約・検索アプリのメインナビゲーションです。例えば、図に示すようにお車の手配・検索、プラン検索、予約状況の確認というように、同階層のメニューに「ユーザーが能動的に調べる」ための機能が複数並ぶ場合には、アイコンの表現として虫眼鏡が利用されがちです。その場合、同じようなイメージを持つアイコンが複数個並ぶことになり、ユーザーは選択しにくくなります。アイコンのよさをうまく UI として活用できていないパターンと言えます。

　そこで、このようなイメージ化しにくい要素がないかどうかを把握した後に、ナビゲーションとして適切な表現はどのようなものがあるかを

図2-2-4 ● アイコンに虫眼鏡のデザインが利用されたウェブサイト
「検索」や「確認」というアイコンには虫眼鏡が利用されがちだが、イメージとして差異が少ないとわかりにくい。

検討することが大切です。イメージで表現しにくい要素がある場合には、テキストの表現を最大限生かすようテーブル型のナビゲーションにする方がよいでしょう。

ナビゲーションは
直感的に操作できる形状と質感にする

→ナビゲーションとして機能するかどうか分かりにくいメニュー

　移動中にスマートフォンで何か調べものをしようと思って、ブラウザを開いて目的が達成できそうなウェブサイトを見つけたとします。サイト内のコンテンツを見ていこうとするも、

- 次に進むためのナビゲーションがどれなのかわからない
- 遷移すると思って押してみたら、アコーディオンメニューが開いた
- そもそも、どこがメニューとして押せるのかわからない

という経験はありませんか？

　図2-3-1は実際に存在する百貨店ウェブサイトをもとに作成したナビゲーションです。例えば、これから現地に行って買い物をしようとするときに、「どのフロアに目的のブランドがあったかちょっと調べたい」と思い、図のようなナビゲーションが表示されたとします。フロアガイドというメニューをようやく見つけて、いざ目的のブランドはどこかと

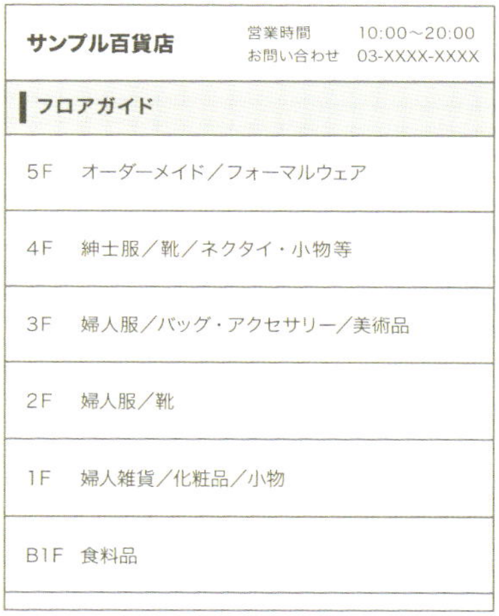

サンプル百貨店	営業時間　10:00〜20:00　お問い合わせ　03-XXXX-XXXX
フロアガイド	
5F　オーダーメイド／フォーマルウェア	
4F　紳士服／靴／ネクタイ・小物等	
3F　婦人服／バッグ・アクセサリー／美術品	
2F　婦人服／靴	
1F　婦人雑貨／化粧品／小物	
B1F　食料品	

図2-3-1 ●フロアガイドページ
フロア区切りでテキストが並ぶが、これがメニューなのかどうか、一目見ただけでは全くわからない。目的のブランドがどこにあるか、問い合わせしてしまうユーザーも。

調べようと思っても、表示されたのは各フロアの概要を示す記述ばかりです。ここからどうやって探し出せばいいのか。もしかすると、直接店舗に問い合わせしてしまうユーザーもいるかもしれません。

→ウェブでは当たり前のことが、スマートフォンでは実現できない

　実は、このテキストで記述されたテーブル自体が、すべて選択可能なナビゲーションとして機能します。しかし、初めて利用するユーザーには非常にわかりにくいメニューと言えるでしょう。なぜなら、スマートフォンではPCのようにマウスを使ってその対象が選択できるかどうかを把握することができないためです。PCであれば、そのメニューが選択できるかどうかわかりにくい場合に、マウスポインタを移動させてみることでデザイン上の可変が見られたりします。色の反転や陰影の強弱によって、ユーザー側に「このメニューは選択できる」と認識させることができます。このようなマウスのON/OFFによる変化はロールオーバーと呼ばれますが、PCでは当たり前のことがスマートフォンではできません。そのため、ロールオーバーに頼らないでも操作可能な「手がかり」を与える必要があるのです。

→手がかりのポイントは形状、質感、記号追加にあり

　では、この手がかりをどのように考えていけばいいのか。次の3点を意識して設計するだけで、全く異なるナビゲーションが実現できます。

ポイント1：形状

　まず、前述の具体例で見直すべきポイントの1つにメニューとしての形が不適切であるという点があげられます。例えば、このメニューを図2-3-2のように変更してみましょう。これは、左右の罫線がなく広がっていた領域を、メニューごとに区切ったパターンです。このように

変更することで、1つ1つのテキストごとに囲みができたことになります。同じような形状のメニューが複数並ぶことで、ユーザーはこの囲みがボタンとして機能できると把握できるようになります。

ポイント2：質感

次に、このメニューをさらに直感的に操作しやすいように変更するには、質感を変更して他の要素との違いを出すことがあげられます。例えば、図2-3-3のようにグラデーションを加えたり、陰影を追加することで「立体的な表現」が可能になります。こうすることで、ユーザー側の心理に「これは押せそうだ」という印象を与えることがポイントです。

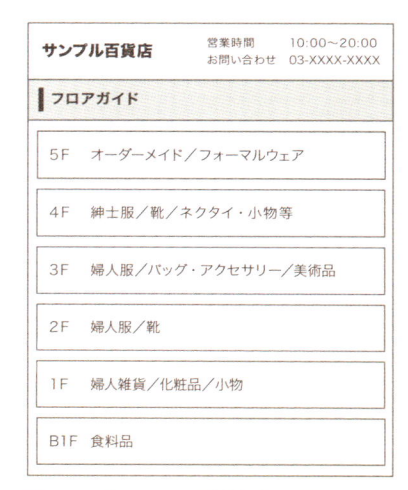

図2-3-2 ●メニューの形状を変えた例
テキストごとに区切られたボックスが、ユーザーには1つのメニューとして認識できるようになる。

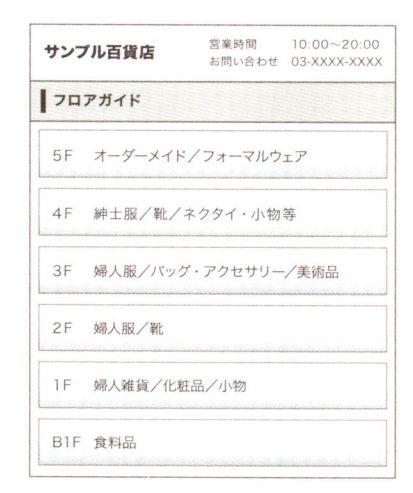

図2-3-3 ●質感を変えた例
色味や陰影を変更することで、立体感のあるメニューとなる。

ポイント3：記号追加

　さらに、このメニューへアクセントとなる記号を追加してみましょう。ここで言う記号とは、矢印に象徴される図形のことで、この記号を追加すれば、形状と質感に変更を加えずとも、それがナビゲーションだと判断できる可能性はぐっと高まります。

　例えば、図2-3-4のように形状と質感を変更しなくても、右矢印を追加することで「次のページへ遷移できる」ということを表現できます。もちろん、記号追加だけでなく形状と質感も見直すことで、より操作しやすいメニューとなるでしょう。

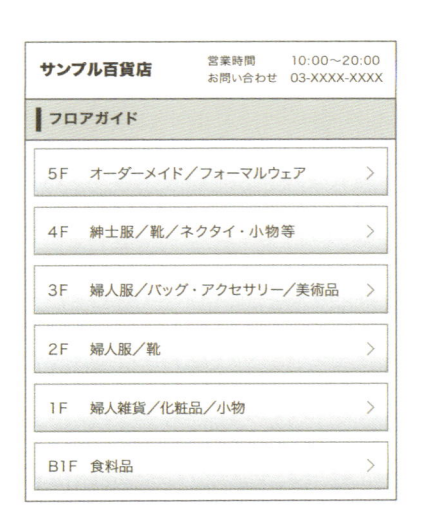

図2-3-4 ● 記号を追加した例
次のページへ遷移できる右矢印を追加するだけで、メニューとして認識されやすくなる。もちろん、形状と質感を変更したものに追加してもよい。

アイキャッチとなる記号や図形には一貫性を持たせる

→手がかりがあっても使いにくいナビゲーション

　前項で説明したナビゲーションの手がかりを、うまくUIに応用しているにも関わらず、これを押したらどうなるのだろうか？　と考えながら操作している、そんな経験はありませんか？

　図2-4-1は、スマートフォンアプリなどでよく目にするアイキャッチを使ったナビゲーションです。以前、同じようなナビゲーションを持つアプリの開発で、実際の被験者に対してユーザーテストをした経験がありますが、ユーザーがこのナビゲーションを利用しようとすると、

- 「−（マイナス）」の意味するものはなんだろう
- 下矢印で開くのかな？「＋（プラス）」も同じ意味なんだろうか？
- トップに戻る、外部サイトへのリンク、どちらも同じ記号？

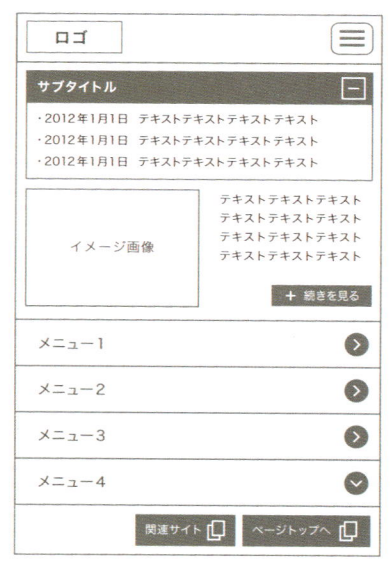

図2-4-1 ● アイキャッチを使ったウェブサイト
アイキャッチを使ったUIだが、使えば使うほど違和感が残る。どこに原因があるのだろうか。

といった利用者ならではの違和感をあげられる方がいました。せっかく手がかりを与えていても、ユーザーは不満を抱いてしまう。この違和感の原因はどこにあるのでしょうか。

→まずは、手がかりのパターンを知る

違和感の原因を探る前に、手がかりのパターンを知ることが大切です。むやみに追加しておけば、効果を発揮するというものではありません。ユーザーの混乱を避けるためにも、アイキャッチの3つの分類について把握しましょう。

1. 遷移

主に、左右の矢印で表されるもので、別ページへ遷移することを意味します。また、複数コンテンツにまたがるもののページングとして利用する場合もあります。

2. 開閉

「上下の矢印」や、「＋（プラス）」「－（マイナス）」で表されるもので、同ページ内で隠れているコンテンツを開閉することを意味します。

3. 展開

ノート（ページ）を記号化して表したもので、別サイトを展開させることを意味します。同じアプリやサイト内で移動する遷移と似ています

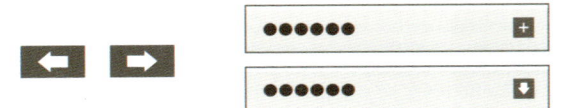

図2-4-2 ●アイキャッチの3つの分類

が、全く異なるサイトなどへ移動する場合に利用します。

これらの手がかりのパターンは、そのナビゲーションを押した際にどのようなアクションがおこるのかを事前に知らせる意味を持っています。その上で、アイキャッチを追加する際には、使用するデザインパターンに一貫性を持たせることが重要です。

→ 細部にこだわった UI こそ、使いやすさの第一歩
先ほどのサンプルでユーザーが感じた違和感の原因は、実は「一貫性のないアイキャッチの乱用」にあります。一貫性を持たせた設計にするためには、アイキャッチに与える「機能的な意味」を次の 2 つのポイントで確認することが効果的です。

ポイント1. 別々の記号や図形に、同じ意味を持たせない
図 2-4-1 では、上下矢印でコンテンツの開閉という意味を与えているにも関わらず、すでに開かれているコンテンツとして「−（マイナス）」の記号があったりします。このように同じ意味を別々の記号に持たせ、それをアイキャッチとして利用した場合、ユーザーはそのアプリやウェブサイトの操作方法を考えながら操作しなければなりません。一貫性を高めるためには、このような重複した意味合いを持つアイキャッチはどちらか一方のみを利用するようにしましょう。

ポイント2. 同じ記号や図形なのに、異なる意味を持たせない
反対に、同じ記号や図形に異なる意味を持たせている場合もあります。例えば、図 2-4-3 のように開閉させるアイキャッチとして「＋（プラス）」、「−（マイナス）」を利用していますが、イメージの拡大縮小にも「＋」「−」を使うなどといった場合です。これは同じ記号に対して、機

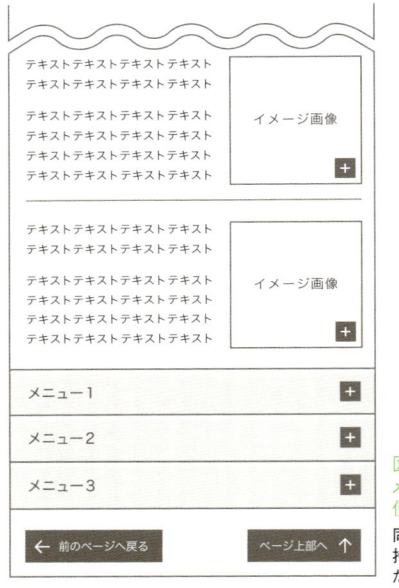

図2-4-3 ●イメージの拡大にもメニューの開閉にも＋記号を使っているウェブサイト
同じ記号に異なる機能的な意味を持たせることは極力さけた方がいいだろう。

能的に異なる意味を持たせていることになるため、同一画面内の近しい場所に同じようなアイキャッチがあることでユーザーが混乱してしまいます。

　イメージの拡大縮小には「虫眼鏡」を使うなどして、記号や図形の重複に気をつけることで、一貫性のあるデザインとなるでしょう。

テーブル型ナビゲーションの選択範囲は最大限確保する

→押してみても反応しないナビゲーション

　まずは、図 2-5-1 を見てください。これはスマートフォンアプリを検索できるウェブサイトのメイン画面です。図のようにテーブル型のナビゲーションをカテゴリごとに配置させ、検索の手がかりとなるアイキャッチも追加しています。一見すると何も問題ない UI ですが、

- ナビゲーションを選択しているのに何も起きない
- 他のナビゲーションを押してみても動作しない
- 右矢印のアイキャッチ部分を押してみても、全く反応しない

こんな経験はありませんか？

　もし、持て余すほど時間があるユーザーであれば、宝探しをするように選択できる部分を見つけてくれるかもしれません。しかし、一般的には何かを探しているユーザーは暇ではありません。「選択しても何も起きない」ナビゲーションは、言い換えると「下層ページにたどり着くこ

図 2-5-1 ● ナビゲーションを選択しても何も起こらないウェブサイト
矢印部分を押しても、結果は同じ。いったいどこを押せばいいのだろう。

とができない設計」だと言えます。間違いなく致命的な問題でしょう。

→押せる範囲が分からないことは、ユーザーのストレスを助長させる

　このナビゲーションは、ある特定の部分だけが選択できるようになっています。イメージ部分にリンクが設定してあるのでしょうか？　いいえ、実は「カテゴリ名」のテキストだけにリンクが設定してあるのです。1文字がたった数ポイントのテキストであり、かつカテゴリ名も「iPhone」などのように少ない文字列では、ここをピンポイントに押してくれるユーザーは少ないはずです。

　このような問題をなくすためには、テーブル型ナビゲーションの構成要素を把握し、選択範囲を最大限保証することが必要不可欠です。

構成要素を把握する

　テーブル型ナビゲーションの構成要素は、テキスト、イメージ、アイキャッチの3点です。ここで、この組み合わせからどのようなデザインパターンができるかを考えると、一般的なものは図2-5-2の2点にしぼられます。

パターン1.　テキスト＋アイキャッチ

iPhone　　＞

パターン2.　イメージ＋テキスト＋アイキャッチ

🍎 iPhone　　＞

図2-5-2●構成要素をレイアウトした例
基本的には、テーブル型のナビゲーションはこのような2つのデザインパターンになる。テキストのみにリンクが設定されている場合、選択しても何もアクションが起こらない部分ができてしまう。文字列がある程度長ければ、このような問題は回避できる。

- パターン 1. テキスト＋アイキャッチの構成
- パターン 2. イメージ＋テキスト＋アイキャッチの構成

この 2 つはどちらもテーブル型ナビゲーションとしてよく目にする形です。これを基本として、次に選択範囲を考えましょう。

選択範囲を最大限保証する

ナビゲーションの構成要素が確定したら、次は選択範囲を考えます。この時に気をつけなければならないことは、「実際に利用するユーザーの立場にたって考えること」が必要だと言うことです。

先の例で示した図 2-5-1 のように、テキストの文字数が少ないにも関わらず、テキストのみにリンクを設定している場合、ユーザーが空白部分を選択しても何もアクションが起こりません。もし、このナビゲーションの文字列が 10 文字程度と長かった場合には、ユーザーは問題なく選択できたかもしれません。ユーザーの利用シーンを想像できていれば、このようなリンクの設定は起こりえないはずです。

テーブル型のナビゲーションでは、可能であれば選択範囲を最大限保証することがポイントです。図 2-5-2 のようにどちらのデザインパターンであっても、ナビゲーションごとのブロック要素に 1 つのリンクを設定した方が、「選択してもアクションしない」という危険性を回避できます。

もし、パターン 1 の構成でテキストのみにリンクを設定したい場合には、テキストの文字数をカウントすることが必要です。文字数が十分長いようなであれば、ブロック要素全体にリンクを設定するのと同様の結果が得られます。

ユーザーが全体像を想像できるメニューはプルダウンにする

➜知ってる場所をすぐに選択したいのに、思うようにいかないメニュー

　外出先である目的地に行きたい場合、スマートフォンを使って情報を調べる頻度は高くなっていると思います。特に飲食店やデパートなど、同じ系列の店舗が複数ある場合には、Mapから探すよりも店舗が提供しているウェブサイトを使って検索するシーンが多いでしょう。しかし、スマートフォン専用のUIが提供されているにも関わらず、

- 自分の知りたい地域をすぐに選択できない
- 何度も同じような選択をしなければならない
- 縦1列に延々とメニューが続くため選びにくい

といったように、使いにくさを感じたことはありませんか？

　図2-6-1は、ある外食チェーン店のスマートフォンサイトです。「店舗検索はこちら」と書いてあるボタンを選択すると、エリア検索のページが表示されました。例えば、ユーザーが東京都調布市の店舗を調べたいと思った場合、この縦1列に続くテーブル型メニューから東京都を選択する必要があるとわかるでしょう。

　ここまでは問題なさそうですが、東京都を選択すると、また同じようなテーブル型のメニューが表示され、今度は市区の選択をしなければならないようです。49個も縦1列に続くメニューから、ラベルを確認しつつ目的の「調布市」と書いてあるメニューを探すのは、ユーザーにとてもストレスがたまる作業だと考えられます。このナビゲーションを使いやすくするには、どのように変更したらよいでしょうか？

➜鍵は階層構造の整理とプルダウンメニュー化にあり

　この問題点を解決するポイントは2つあります。それは、階層構造の再整理とテーブル型メニューのUIを大きく見直すことです。

1. 階層構造を整理する

　上の例で最初に考えるべき部分は、同一画面に表示されるメニューの個数が多すぎるという点です。最初の画面で 47 の都道府県が、さらに次の画面で 49 の市区が一覧表示されます。確かにテーブル型のメニューは、アイコンなどと違って複数個のメニューを一覧表示するのに向いています。しかし、約 50 個ものメニューから 1 つを選択させるとなると話は違ってきます。

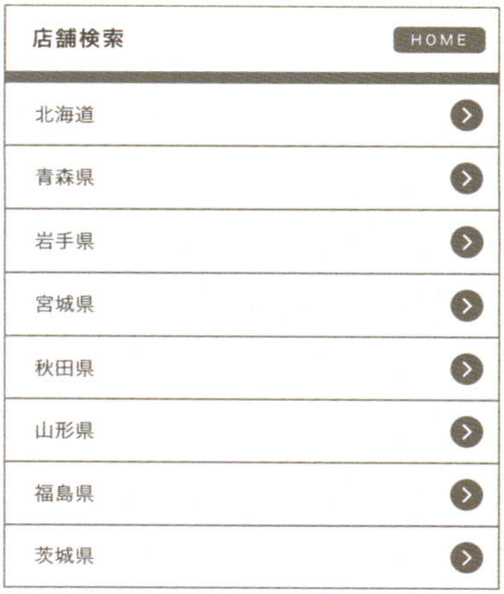

図2-6-1 ●店舗検索ボタンを選択して遷移してきた画面
都道府県が一覧されたので目的の東京都を選択すると、また同じような画面で市区の選択を強制される。カテゴリごとの手がかりがないため、一覧から選択するのが面倒な例。

このように1画面あたりの情報量が広がりすぎている場合には、上位階層で情報のまとまりを作る必要があります。それは、メニュー同士の共通点を探し出し、新しいまとまりを作る作業と言えます。
　例えば、図2-6-2のように、最初から都道府県を選択させるのではなく、北海道／東北、関東、北信越／東海、関西、中国／四国、九州／沖縄というブロックごとのカテゴリを設けてみましょう。これは都道府県の上位のカテゴリです。一覧で表示されるメニュー数が6つとなることから選択しやすくなります。
　同様に市区の選択画面も見直してみましょう。この画面では、23区のほかに市の情報を一覧で表示してしまっていることで、メニュー数の増大をまねいています。図のように、市については「23区外」とカテゴリ化し、下階層で選択させるようにします。上位の階層構造を作ることで遷移数が増えますが、「ユーザーにとって自明である目的地の選択」では遷移数の影響よりも「選択のしやすさ」を提供することがポイントです。

2. 全体像を想像できるものはプルダウンメニューにする
　階層構造が整理できれば、次はそのカテゴリをどのようなUIで表現

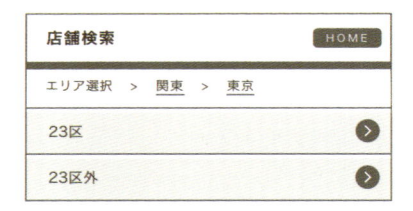

図2-6-2 ●ブロックごとのカテゴリが設けられたメニュー
選択のしやすさを考えて、カテゴリの上位概念を作成する。選択肢が少なくなったことで、ユーザーは目的のメニューを簡単に見つけ出せるようになる。

するか考えます。ここでポイントになるのは「ユーザーが全体像を想像できるメニューかどうか」ということです。ここで言う全体像とは、「同一階層に広がる情報の全容」を意味します。

今回の事例のような店舗検索シーンであれば、一般的には、

- 各ブロックを選択する
- 都道府県を選択する
- 市区町村を選択する

といったような階層構造になります。

例えば、東京都であれば関東ブロックを選択しますが、関東に含まれる東京以外のメニューがどのようなものか、ユーザーは容易に想像できると思います。調布市の選択でも同様です。23区外を選択した後の画面で、調布市と同階層のメニューにどのようなものが並ぶのか、これまでの経験からすぐに思いあたるでしょう。

このように同階層のメニュー同士の関係がすぐにわかるような場合には、テーブル型よりもプルダウンメニューの方がよいでしょう。図2-6-3は、23区外を選択した後の画面をプルダウンメニューとしたサンプルです。プルダウンメニューとすることで、

- どのような選択を行ってきたのか、その過程を表示できる領域がうまれる
- 文字サイズを大きくできる（テーブルに表示される文字よりも読みやすい）
- メニューの全容がわかっているので、プルダウンのスクロールもストレスになりにくい
- 選択中のメニューにフォーカスを当てることができるので、選択ミスがなくなる

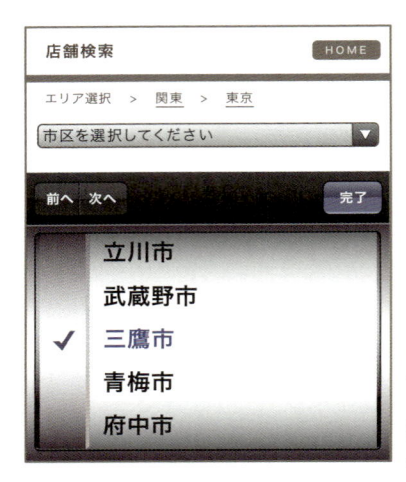

図2-6-3●プルダウンメニューを使用した例
プルダウンメニューにすることで、空いたエリアに「選択の過程」を表示することができるようになった。プルダウン内の現在選択中のメニューはフォーカスされるため、間違った選択の場合にはすぐに変更できる。

といった利点があります。

　また、仮に調布市ではなく近隣の府中市の情報を調べたいと思った場合でも、一般的にはテーブル型のメニューであれば前のページに戻る必要がありますが、プルダウンメニューでは同一画面内で選択の変更が可能です。このように、ユーザーが全容を想像できるものには、プルダウンメニューを取り入れることで、選択のしやすさが格段にアップします。

主要画面に遷移するグローバルナビゲーションは、どの画面からも起動できるようにボタンで配置する

→ **トップに戻らないと別のコンテンツを表示できない**

　図2-7-1は、スポーツ全般のニュースを配信しているスマートフォンサイトです。トップページに最新の情報や下層ページへの入り口となるテキストリンクを設置しています。例えば、ユーザーが昨日のサッカーの試合結果を調べたいと思った場合、最新情報や速報から探し出して試合結果を調べることができます。しかし、このユーザーが別のスポーツ

図2-7-1 ● スポーツ関連のニュースサイト
テキストリンクで各コンテンツへの入り口が示されている。

の試合結果や、他のコンテンツを見たいと思った場合、ある問題が発生します。それは、

- **他のジャンルを選択するにはどうすればいいかわからない**
- **上から下まで確認したが、どのリンクを押せばいいのかわからない**
- **サイトの全体像がつかみにくいため、どうしたらいいのかわからない**

という課題です。実際には、サイトだけに限らず、同じようなアプリでもこのケースと同じ体験をした方はいるのではないでしょうか？

　もちろん、下層コンテンツを見ている時でも、画面上部のロゴを押すことでトップページに戻ることができます。トップに戻りさえすれば他のコンテンツへ遷移できるようにテキストリンクが設置されています。

　しかし、ニュース配信を行っているサイトやアプリであれば、コンテンツ同士の回遊性を高め、自由にサイト内を閲覧できるための導線が整備されていることが必要不可欠です。どのリンクを押せばいいのだろうか、と悩ませてしまう設計は課題があると言えるでしょう。

　では、この課題を改善するにはどのようにしたらよいのでしょうか？

→大通りとなる道筋を示し、ボタン1つで表示できるようにする

　この問題を解決するためには、主要ページへ瞬時に遷移できる「グローバルナビゲーション」をスマートフォン用に工夫して設置することが必要です。グローバルナビゲーションとは、PCであれば画面上部に固定表示される主要コンテンツへの導線のことです。

　ただし、スマートフォンの場合、画面サイズの制約があるため、PCと同じように固定表示することが困難です。しかし、次に示す3つの手順で整理すれば、スマートフォン用のグローバルナビゲーションを簡単にデザインすることができます。

第 2 章
情報検索の
デザインパターン

1. このサイト（アプリ）の主要画面は何かを整理する

まずはじめに、このサイト（アプリ）の特長となるコンテンツは何になるのかを整理します。これは言い換えると、ユーザーに対して最も提供したい価値ある情報は何であるかということです。例で示したスポーツニュース配信サイトであれば、次のようなものがあげられるでしょう。

- **ジャンル選択**：サッカー、野球、バレーボールなど、スポーツの種類を切り替えて、そのカテゴリの情報だけを検索できる
- **最新ニュース**：最新のニュースをアーカイブで一覧表示できる
- **特集**：ワールドカップやオリンピックなど、期間限定で開催されている祭典に関する情報を閲覧できる
- **定期コラム**：アスリートとスポーツ解説者の対談をまとめた隔週連載記事を閲覧できる
- **インフォメーション**：メールマガジンの購読やサービスの利用規約など付加情報をまとめたもの

2. ヘッダーエリアにボタンを設置する

主要画面が整理できれば、次にこの要素をナビゲーションとして展開するためのボタンを設置します。このボタンの設置ですが、全画面を通して同じ場所に固定表示させる方が使い勝手がよくなります。

その理由としては、グローバルナビゲーションは主要コンテンツを行き来するための導線であり、機能の 1 つです。下層ページごとにボタン（機能）の場所が変わってしまうと、ユーザーは画面ごとにその場所を探し出して覚える必要が出てきます。

そこで、図 2-7-2 のようにヘッダーの右上に全ページ共通で設置してみましょう。一般的には、ヘッダー左側にはロゴが配置されている可能性が高いため、右側の空白領域を有効活用するのがポイントです。

図 2-7-2 ● ナビゲーションとして展開するためのボタンを設置した例

ナビゲーション展開用のボタン（機能）は全画面を通して共通した部分に設置する。今回はラベルで表現したボタンとして設置したが、アイコン型のボタンにすることもできる。その場合、ドリルダウン型だとメニューの大きさが展開後に異なるため不自然である。ポップアップ型か画面スライド型にする必要があるだろう。

3. ボタン選択時のアクションを考える

　最後に、設置したボタンを選択した場合のアクションについて考えます。これは、サイト、アプリ共通で図 2-7-3 に示す 4 つのパターンが考えられますが、それぞれの長所短所を考えて、どれにするかを検討しなければなりません。場合によっては、実装者も含めて協議し、ユーザーが使いにくい挙動になるようなメニューの設置はさけるようにしましょう。

ドリルダウン型

　ボタンを選択すると、アコーディオンが開くようにメニューが展開されるパターンがドリルダウン型です。アコーディオン型とも呼ばれます。各メニューのラベルが長すぎると、メニューが 2 行に分かれてしまう可能性があるため注意が必要です。

ポップアップウインドウ型

　ボタンを選択すると、今見ているページの上部に重なるようにメニューだけのウインドウが展開されるパターンがポップアップウィンドウ型です。メニューだけのウインドウであるため、ある程度の大きさを自由に使えるので、その内部でテーブルメニューなどを設置できます。

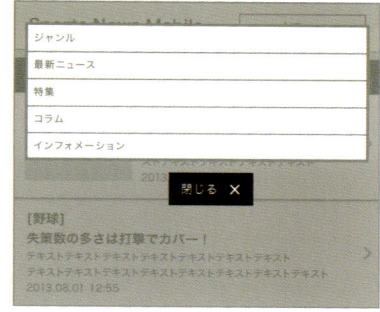

1．ドリルダウン型

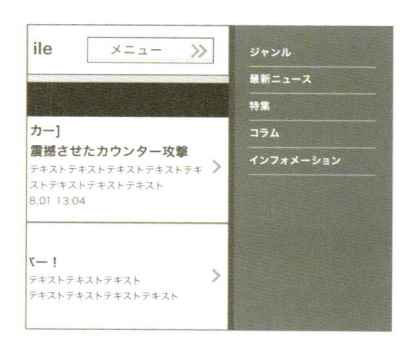

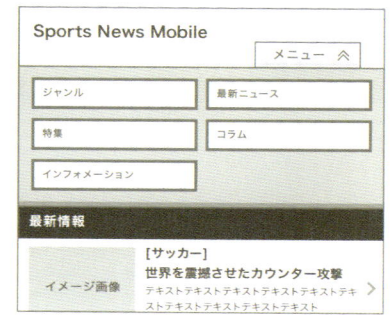

2．ポップアップウィンドウ型

3．画面スライド型

4．メガドロップダウン型

図2-7-3 ● グローバルナビゲーションの展開パターン

画面スライド型

　ボタンを選択すると、ページ全体が左にスライドし、右端からメニューだけの領域が展開されるパターンが画面スライド型です。Facebook アプリなどに見られるメニュー表示例です。ブラウザ表示の場合だと、実装の仕方によって展開の挙動が荒くなってしまう可能性があります。

メガドロップダウン型

　ボタンを選択すると、横幅一杯広がったメニューのまとまりが表示されるパターンがメガドロップダウン型です。基本的な挙動はドリルダウン型と同じです。

ラジオボタンはラベル部分も選択可能にする

→タップしてもチェックが変わらないラジオボタン

　スマートフォンには様々な乗り換え案内アプリがありますが、大抵は出発／到着駅を入力し、時刻を設定して検索ボタンを押せば、結果が一覧表示されるような仕組みだと思います。このような簡易検索はもちろん、最近のアプリは歩くスピードや有料交通機関を使うかどうか、といった細かい設定をして調べることもできます。

　図2-8-1は、乗り換え案内アプリの検索条件設定画面です。見て分

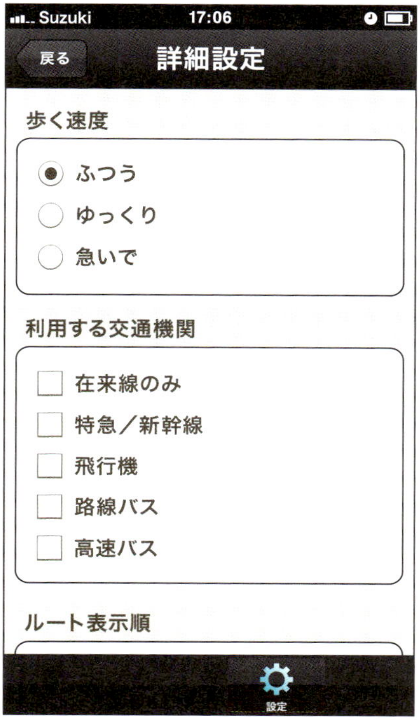

図2-8-1 ● 乗り換え案内アプリの詳細条件設定画面
ラベルを押してもチェックが切り替わらない。選択するのに拡大表示するのは、とてもストレスがたまる。

かるように、1つの条件で複数の選択項目がある場合には、ラジオボタンやチェックボックスが使われていることが多いですが、

- ラベルを押しても反応しない
- チェックが切り替わらない
- チェック部分を押さないと反応しない
- チェック部分が小さすぎるため、拡大表示しないといけない

このような経験はありませんか？

　今回の例でも同様の問題が発生していました。ただでさえ小さい画面で、ラジオボタンやチェックボックスのチェック部分をタップすることは困難を極めます。ましてや、ユーザーが画面を拡大表示させて使用するとなると、それは使い勝手のよいインタフェースとは言えないでしょう。

→ 選択可能領域を大きくする

　この問題を解決するには、タップで反応する選択可能領域を大きくすることが必要です。それには、次の2つの方法が効果的です。

1. ラベル部分も選択可能にする

　図2-8-2のように、ラベルをタップしてもチェックが切り替わるように変更することで、ユーザーの選択可能領域は大きくなります。ただし、次のような場合には注意が必要です。

- 文字サイズが極端に小さい
- 文字数が3文字程度と少ない

　これはラベルを選択可能領域に変更しても、それ自体が小さすぎるため、押しにくさが依然として残ってしまうことを意味します。このよう

な場合には次の方法が有効です。

2. 選択領域の囲みを作る

「1. ラベル部分も選択可能にする」の方法でも改善が見込めない場合は、図 2-8-3 のようにラジオボタンのチェック部分とラベルの外側に囲みを設けてみましょう。各項目を全て同じように設計し、リストタグでスタイルを調整します。タップ後の挙動については JavaScript を組み込む必要がありますが、難しい内容ではありません。

これにより、ラベルがない空白部分でも、囲み内をタップすればチェックが切り替わるようになります。

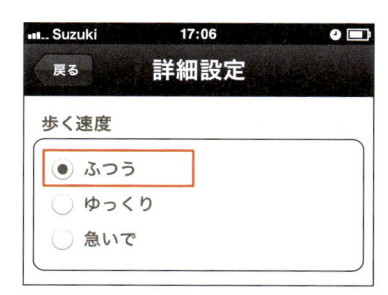

図 2-8-2 ● ラベルをタップしてもチェックが切り替わる例
赤枠に示すように、「ふつう」というラベル部分を押してもチェックが切り替わるように変更する。最もスタンダードな対処方法。

図 2-8-3 ● 文字サイズと文字数の関係から、ラベルだけの対応で改善が見込めない場合の実装例
赤枠部分であれば、どこをタップしてもチェックが切り替わるように変更する。各項目をリストにし、JavaScriptで挙動を制御する必要がある。

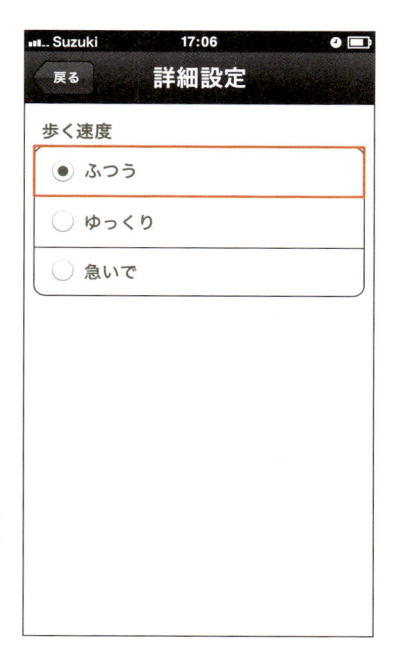

検索結果が表示されていると分かるようにする

→ 検索実行ボタンを押しても、何も切り替わらない画面

　図 2-9-1 は、オークションサイトで商品検索している画面です。今、「ノートパソコン」について調べようと思い、キーワード入力を行って、「検索」ボタンを選択したとします。しかし、

- 結果がどこに表示されたかわからない
- データの読み込みが発生するが、前と同じ画面が表示される
- 再度、検索ボタンを押しても何も変わらない

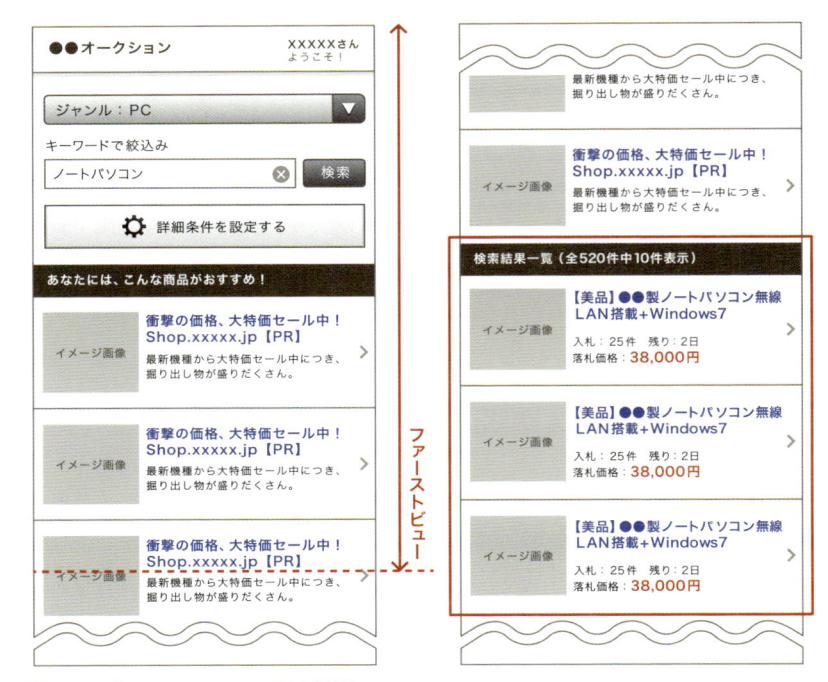

図 2-9-1 ● オークションサイトの検索画面
再度検索ボタンを押しても、同じ画面が表示されるだけ。下に2画面分スクロールすると、ようやく検索結果が表示される。ファーストビューで変化がないと、気づかないユーザーも多い。

このような経験はないでしょうか？
　このオークションサイトに問題があるのかと、再度、PCで試してみると難なく結果が表示される。どうやらスマートフォンだけに発生しているものらしいですが、一体どこに問題があるのでしょう。

→スマートフォンでは、ブラウザの縦スクロールに気づきにくい

　これはスマートフォンでは見落とされがちの課題とも言えます。読み込まれる画面の縦の長さが、実際に指でスクロールしてみないと非常にわかりにくいのです。そうすると、ユーザーは「1画面あたりのスクロール数」が、あとどのくらい残っているか知るための手がかりが少ないため、何かのアクション実行前後で、ファーストビューに変化がない場合、下部の領域の変化に気づかないことがあります。
　では、このような問題を改善するにはどうすればよいでしょうか？

→アクション実行後の結果をファーストビューで見せるために気をつけること

　このような問題が起きないようにするためには、ユーザーのアクション実行前後で「目に見えてわかる変化」を与えることが重要です。そこで、次に示す3つの方法が有効になります。

1. 検索連動型広告は非表示とするか、末端に移動させる

　検索結果と連動して、「リコメンド広告」が表示されることが多いオークションサイト。検索結果の表示エリアより前に、おおむね3～5件程度の広告が表示されることが一般的ですが、スマートフォンサイトでは極力表示させないようにした方がよいでしょう。
　PCの場合、3～5件程度であれば、上部に配置しても検索結果閲覧

の妨げにはなりません。しかし、スマートフォンの場合、先の例のように3件程度のリコメンド広告が、ファーストビューの大部分を占めてしまうことも起こりえます。そして、リコメンド広告の精度が悪い場合、検索結果とあまり関連のない情報が1番最初に表示されることも考えられ、ユーザーの離脱の原因となりかねません。

　このため、スマートフォンの場合では、図2-9-2のように検索連動型の広告は検索結果上部に表示させるのではなく、極力非表示とすることが望ましいでしょう。しかし、様々な理由から、リコメンドを非表示

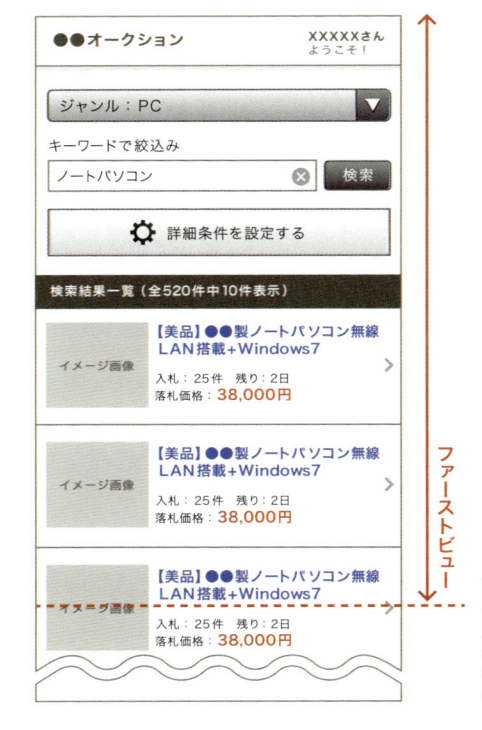

図2-9-2 ●検索連動型の広告を非表示にした例

検索連動型広告を非表示にすると、その分だけ余白は生まれる。検索結果がファーストビュー以内に収まるので、その変化に気づくことができる。

とすることが困難な場合もあります。その場合には、

- 複数件のリコメンドを表示させる場合には、検索結果の末端に表示させるようにする
- 検索結果の上部に表示させる個数を少なくし、ファーストビューにユーザーの検索結果が表示されるようにする

以上のような注意点を守るようにすると、今回のような問題は少なくなります。

2. キーワード検索、詳細検索などの検索エリアをファーストビューに表示させない

先の例では、検索実行後の結果は、「ファーストビューよりも下側に表示」されます。反面、ファーストビューの表示領域内には、

- ヘッダー（タイトルやロゴ、ログイン情報など）
- 現在選択中のカテゴリ
- キーワード入力エリアと検索ボタン
- 詳細条件設定ボタン
- 検索連動型の広告（リコメンド）

といった5つの要素が順番に表示されています。ここで、ファーストビューの領域を圧迫している要素をまとめて、検索結果が上部にくるように再整理してみましょう。ヘッダーや現在選択中のカテゴリなどは、ユーザーが「どのサイト」の「どのカテゴリ」を見ているかという手がかりとなるため表示させた方がよいですが、画面中央に大きい領域を占めている「キーワード入力エリア」と「詳細条件設定ボタン」の2つは、「検索機能」としてうまくまとめることができそうです。

そこで、図 2-9-3 のように検索機能を別画面表示として、ポップアップ起動させるように変更してみましょう。このようにすることで、検索

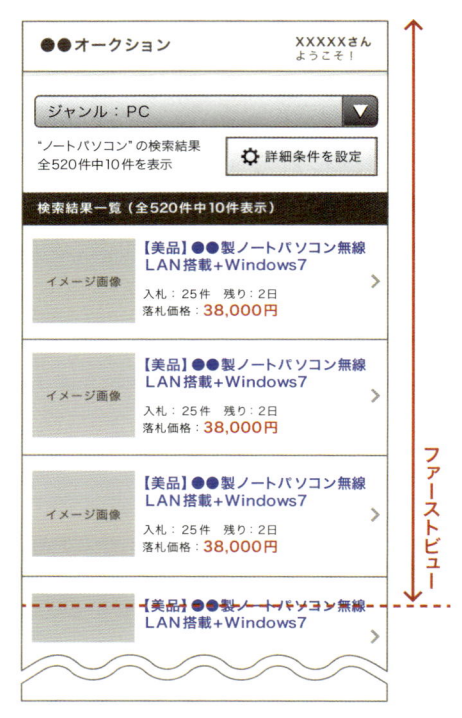

図2-9-3 ● 検索機能を別画面表示として、ポップアップ起動させた例
検索条件の設定はひとまとまりにする。ボタン選択で起動するように変更すると、空いた領域で検索結果を表示できるようになる。

結果はファーストビューに収まることになり、前のような問題は発生しにくくなります。また、現在検索中のキーワードだけを手がかりとしてテキスト表示させ、実際の検索条件の設定などをひとまとまりとすることで、ユーザーは「このボタンは検索につながるものだ」ということを使いながら学ぶことができます。

3. 検索結果だと分かるように、タイトル、ヒット数、表示件数などを強調する

　オークションサイトのようなシステムが関連するサイトの場合、2の

方法の実現が難しいということもあるかと思います。そのような場合には、ユーザーに「この画面で検索結果を表示しています」ということを暗に示すことが効果的です。具体的には、

- **画面のサブタイトルとして検索キーワードを表示させる**
- **検索結果のヒット数（全体でどのくらいあるのか）を強調して表示する**
- **検索結果の表示件数を強調して表示する**

といったことがあげられます。これは、ユーザーの行ったアクションの結果として、「正常に動作が完結した」ことを告げるものです。ユーザーにとって、検索結果だと気づくための手がかりには、他の要素よりも強調した表現（デザイン）をすることが望ましいでしょう。たとえ 2 の方法が難しい場合でも、これによって今回のような問題は少なくなると考えられます。

検索実行までのステップが発生する場合には、現在のステップが何かを明示するとともに、エラーメッセージに注意する

→検索の条件指定が分かりにくい画面

　図2-10-1は、レンタカーの予約／手配を行うアプリの画面です。地域を選択し最寄りの店舗を検索すると、このような画面が表示されました。ここで、実際に車を使いたい日付（出発日）を指定するのですが、

- 利用できる日時なのに、選択エラーとなってしまう
- 別の日付に変更しても、同じエラーが表示される
- 試しに店舗を変更しても、この現象は再現される
- どうやって先に進めばいいかわからない

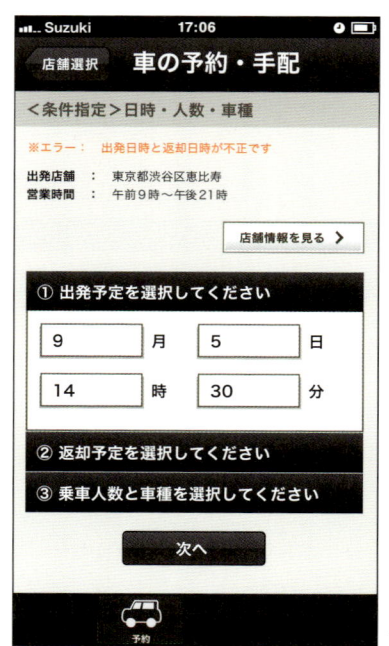

図2-10-1 ●レンタカーの予約／手配を行うアプリの条件指定画面
エラーメッセージにある出発日時を何度変更しても、同じエラーが表示される。返却予定は②とあるように次のステップで入力するはずなので、メッセージの意図がユーザーに伝わらない可能性が高い。

このような経験はないでしょうか？

　エラーメッセージで指示される通り、出発日時を再度選択し直しても、状況は全く改善しません。エラーメッセージに記述される返却日時の指定は、「2と書いてある通り次のステップで行うはず」です。これではどうすればよいかわかりません。

→開閉するテーブル型ボタンに隠された入力欄

　実は、このアプリでは「検索条件の入力」を1画面で完結するように設計されています。そのため、

- 出発予定
- 返却予定
- 乗車人数と車種指定

の3つの項目を、この画面で入力して「次へ」ボタンを押さなければならないのです。しかし、実際には上に書いたような問題が発生してしまい、検索を完了することができません。この問題の原因は、次の3つにあると想定できます。

- 1. 出発予定以外の項目が全て閉じているため、ただのステップを示すラベルだと誤認される
- 2. ボタンのラベルが「次へ」となっているので、まだ入力させる画面が残っていると思ってしまう
- 3. エラーメッセージが適切でないため、何を直せばよいかわかりにくい

　これらは開発する側の視点ではなかなか気づきにくい問題です。しかし、実際のユーザーは上のような問題を起こしてしまいます。
　では、この問題を解決して、ユーザーにとってスムーズに検索できる画面にするためには、どのようにしたらよいでしょう？

➡入力が複数ステップに分かれる場合のインタフェース設計

　この問題を解決するポイントは3点あります。それは、「1. 入力ステップを示す道標を作る」、「2. ボタンの表現を具体化する」、「3. ユーザーに伝わるエラーメッセージにする」です。それぞれについて詳しく見ていきましょう。

1. 入力ステップを示す道標を作る

　このアプリでは、初期表示では閉じている部分に入力項目があり、それをユーザーが見落としてしまうという問題がありました。このように絞り込み条件を複数指定する必要がある場合には、それを1つ1つのステップとして区切り、各画面に「道標」として表示してあげた方がよいでしょう。

　図2-10-2を見てください。これは、同様のアプリを、出発予定、返却予定、乗車人数と車種指定の3つのステップで分けて設計した例となります。画面上部に各項目ごとのステップを表示するとともに、現在選択中のステップを色分けして表現することで、ユーザーが「今、何をしなければならないか」が明確になります。

　しかし、どうしても1画面ですべての項目を入力させる必要がある場合もあるかと思います。そのような場合には、入力項目は開かれた状態で表示し、次に示す「2. ボタンの表現を具体化する」を試しましょう。

2. ボタンの表現を具体化する

　2点目のポイントとして、アクションボタンのラベルの表現を見直します。先の例では、末端のボタンが「次へ」と表現されているために、返却予定は次の画面で入力するものだと言う認識のずれが発生してしまいがちです。本来、このアプリでは1画面で検索条件の入力が完了するので、このボタンのラベルは「確認画面へ進む」が適当だと考えられます。

図2-10-2 ● 入力させる項目ごとにステップを分けて画面上部に表示する
1つの項目が画面ごとに対応するため、ユーザーは今何をしなければならないかが明確になる。

　このようなアクションボタンのラベルは、ユーザーが次の画面で何をするのかを想像するための手がかりになるものです。そこで、より具体的な表現でまとめることで、利用中のユーザーの誤認が少なくなると言えるでしょう。

　また、入力ステップを画面ごとに分けた場合には、「次のステップへ」で統一しても問題はなさそうですが、できれば

・STEP2：返却予定の入力
・STEP3：乗車人数と車種指定

というように、ステップと具体的な項目名を表示することをお勧めします。これによりユーザーの間違った認識が少なくなり、入力の画面遷移がスムーズに運ぶでしょう。

3. ユーザーに伝わるエラーメッセージにする

　3点目のポイントは、エラーメッセージの見直しです。今回の例では、「入力項目が閉じられていること」、「ボタンのラベルが抽象的な表現であること」が重なってしまい、エラーメッセージの内容を読んでも、ユーザーは何を修正すればよいかわからないという状況になってしまう可能性があります。

　改善のポイント1点目で示したように、入力ステップを区切った場合には、画面ごとに対応したエラーメッセージを表示することになります。そこで、

- **出発予定として選択できない日がある**
- **営業時間外は選択できない**

といった制限がある場合には、その項目自体を選択できないようにしておくか、具体的な修正指示を伝えるようなエラーメッセージに変更しましょう。

第 3 章

情報入力の
デザイン
パターン

3

限られた画面領域を使って、情報入力を行うスマートフォン。
ユーザーの入力操作が効率的に行える UI とはどのようなものなのか？
ここでは、情報入力のデザインパターンと配慮すべきポイントについてまとめました。

性別、年齢など、ユーザーにとって
明白なものはラジオボタンで選択させる

→ **機能的に問題のない問い合わせフォームだが、
どこか使いにくいのはなぜか**

　スマートフォン用にレイアウトが最適化された問い合わせフォームなのに、

- **入力に手間がかかる**
- **選択項目が選びにくい**
- **問い合わせ完了まで時間がかかってしまう**

挙げ句の果てに、問い合わせフォームでの入力 / 送信をあきらめて、電話連絡をしてしまう。そんな経験はないでしょうか？

　例えば、図 3-1-1 はごく一般的な問い合わせフォームの入力画面です。

図 3-1-1 ● 一般的なお問い合わせフォーム
性別、年齢を選択するのに、プルダウンを開いて閉じるという行程が発生してしまう。

上から順に内容を入力していくのですが、「性別」や「年齢」といった項目を入力する際に、どこか使いにくさを感じてしまうかもしれません。

機能的に問題がなくても、ユーザーが使いにくいと感じてしまう原因はどこにあるのでしょう？

→**最適な入力方法を検討せずに設計されたフォーム**

その原因は、「項目ごとの最適な入力方法」を考えずに設計されている点にあります。

例えば、性別を選択する場合を考えてみましょう。自分が男性であれば「男性」、女性であれば「女性」を選択することになりますが、これを図 3-1-1 のようにプルダウンメニューから選択させるとなると、

- **プルダウンメニューを開く**
- **どちらかの性別を選択する**
- **選択をやめる場合には、プルダウンメニューを閉じる**

という 3 つのステップが必要になります。

本来であれば、男性か女性かのどちらか一方をすぐに選択できればよいはずです。しかし、プルダウンメニューとして展開させてしまうと、ユーザーの入力工程が増えてしまいます。操作上の無駄な工程が増えてしまうことは、それだけ入力に手間がかかることを意味します。これではよい UI とは言えないでしょう。

このような問題を改善するには、入力項目ごとに最適な「入力方法」を検討しなければなりません。

それには、次のような 3 つのポイントを考えることが重要です。

ポイント1：ユーザーにとって自明なものかどうかを考える

1 点目は、その項目がユーザーにとって明白なものであるかどうかを

確認するというものです。

例えば、図3-1-2のように、年齢をプルダウンから選ぶシーンを考えてみます。仮に、28歳の男性ユーザーがこのフォームを使用していると考えた場合、このユーザーにとっての「自分の年齢」は、すぐに入力できる内容です。

しかし、プルダウンの一覧から「28」を探し出して選択するとなると、複数ある中からたった1つの項目を選び出す工程が必要になるため、

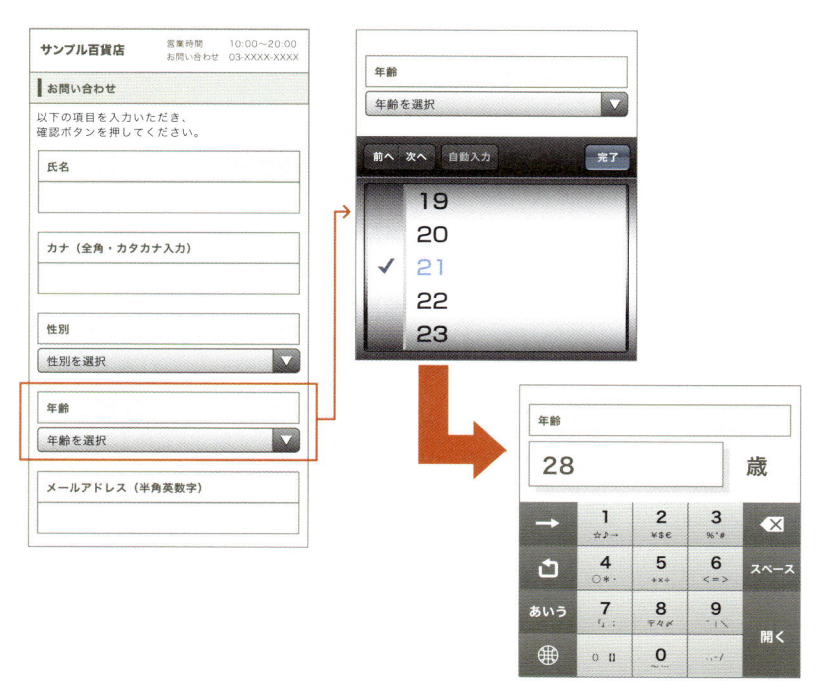

図3-1-2 ● 年齢をプルダウンからテキスト入力に変更する

あまりよい設計とは言えないでしょう。

　そこで、ユーザーにとってその内容が明白であるものは、選択させるよりも「入力」してもらう方が合理的な設計だと言えます。

　図 3-1-2 の変更例を見てください。年齢部分をプルダウンから「テキスト入力」に変更した場合のサンプルです。テキストエリアをタップして自分の年齢を入力し、次の項目へと移ることができるため、一覧から所定の項目を探し出す手間が省けます。

ポイント２：選択項目の数を把握する

　２点目は、同じグループに含まれる選択項目の個数を確認するというものです。

　例えば、性別という入力項目であれば、男性と女性という 2 つだけになりますが、都道府県という入力項目であれば、47 もの個数になります。性別のように選択項目が限られている場合には、プルダウンで選ばせるよりもラジオボタンで選択させた方が、ユーザーの工程が少なく済みます。

　しかし、都道府県のように選択項目の数が多い場合には、これをラジオボタンにしてしまうと「1 画面で表示される選択項目」が多くなってしまい、かえって選びにくさが増してしまいます。

　つまり、フォームの設計にあたっては、「選択項目の数の大小」によって、ユーザーの選択の難易度が異なってくるということを念頭におかねばなりません。選択項目ごとに、どのような入力方法が妥当なのか、デザイン / 実装を進める前に必ずチェックするようにすることが大切です。

ポイント３：テキスト入力は、複数の入力エリアに分けすぎない

　3 点目は、テキスト入力させる項目は、できるだけ 1 つのエリアの入力で完結するように設計するというものです。

例えば、電話番号を入力する場合を考えてみましょう。図 3-1-3 のように 3 つの入力エリアがあり、それぞれ市外局番から順に入力するような項目があったとします。

PC の場合では、大きなディスプレイで確認しながら、キーボードの操作で入力するため手間がかからないかもしれません。

しかし、スマートフォンの場合、このオペレーションが大きく異なります。具体的には、

- 1 つの入力エリアをタップする
- 数字入力モードに変更する
- 該当する数字を入力する
- 「次へ」もしくは「次の入力エリア」をタップする

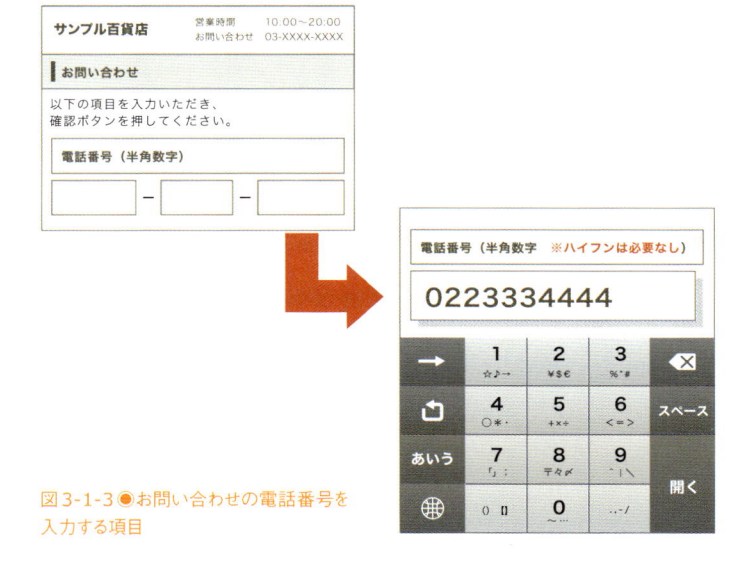

図 3-1-3 ●お問い合わせの電話番号を入力する項目

といったように、すべての項目の入力を終えるまでに複数の工程が存在します。

　そこで、この入力エリアを1つだけにして、電話番号（10個の数字）を1度に入力できるように変更します。これにより、前に書いたような複数の工程は省かれることになり、ユーザーに過度な選択を強制するような作りではなくなるでしょう。

入力項目、記入例、フォームの
3つの関係を分かりやすくレイアウトする

第 3 賞
情報入力の
デザインパターン

→「どこに」、「何を」、「どのように」、入力すればよいか分からないフォーム

　図 3-2-1 は、会員登録を行うための入力画面です。このような表組のレイアウトは、PC ではごく一般的な形ですが、スマートフォンで閲覧していると、

- 項目ごとの入力例が分かりにくい
- 入力エラーが起きたとき、どれを直せばいいか分かりにくい
- テキストが小さく、入力項目ごとに拡大表示しないと分かりにくい

といった課題があげられます。

　特に、3 点目の「画面の拡大と縮小」を繰り返さないとテキストが読

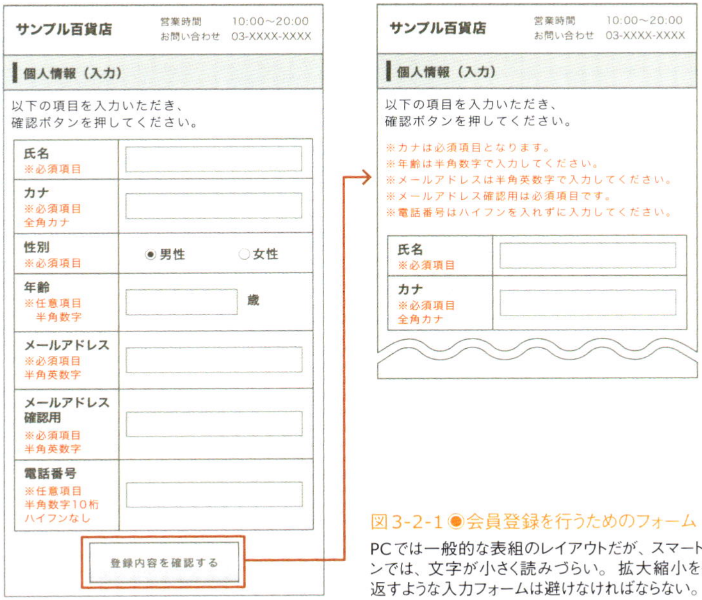

図3-2-1●会員登録を行うためのフォーム
PCでは一般的な表組のレイアウトだが、スマートフォンでは、文字が小さく読みづらい。拡大縮小を繰り返すような入力フォームは避けなければならない。

みにくかったり、チェックボックスが選択しにくかったりするようなフォームは、使っているユーザーにとって非常にストレスがたまる UI だと言えます。もしかすると、そのユーザーは会員登録を途中であきらめてしまうかもしれません。

このような問題を解決するには、一体どうしたらいいでしょう？

→表組のレイアウトではなく、画面横幅を最大限活用したデザインにする

この原因はスマートフォンの限られた画面サイズにあります。先の図のような表組のレイアウトは、PC の場合にはディスプレイサイズが大きいため問題ないのですが、スマートフォンの場合では「入力項目」と「入力フォーム」の横幅に限界があります。

先の例のように、入力項目と入力フォームを左右に対にして配置すると、項目名が長くなってしまった場合にテキストが読みにくかったり、生年月日のような複数のフォームが並んでいる場合など、画面を拡大しないと入力がし難かったりします。

そこで、スマートフォンの入力フォームでは、「画面横幅を最大限まで活用したレイアウト」を取ることで、このような問題が解消されるだけでなく、次のようなメリットを享受できます。

→横幅を広げた「1 ブロックで 1 つの入力が完結する」レイアウトのメリット

画面横幅を最大限まで広げることにより、1 ブロックで 1 つの入力が可能となります。具体的には、次に示す 4 つの効果が期待できます。

1. 入力項目とフォームの関係性が分かりやすい

図 3-2-2 は、画面横幅を広げて 1 つのブロックとし、入力項目と入力フォームを上下に配置した場合のレイアウトです。入力項目と入力

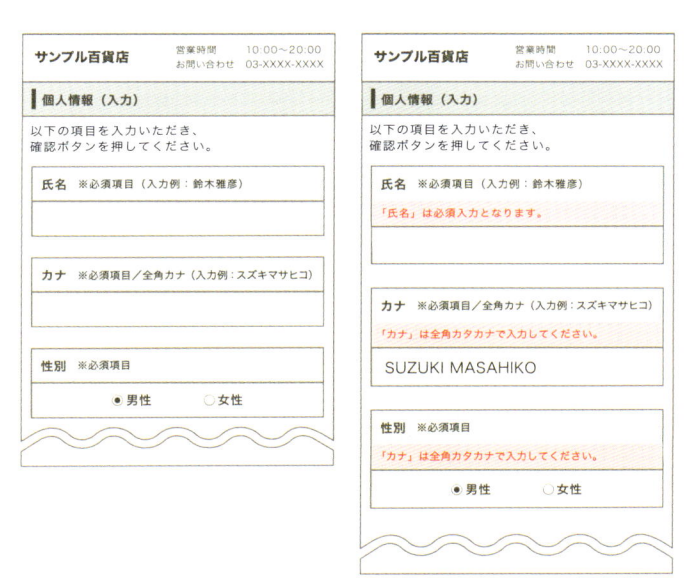

図3-2-2 ● 1ブロックで1つの入力が完結するレイアウトの例

フォームが対になっており、どこに何を入力すればいいかがすぐに分かります。

2. 入力例やサンプル表記を詳しく掲載できる

　表組レイアウトでは、フォームの入力例を記載したい場合に、入力項目か入力フォームの下部に「小さい文字サイズ」で、「説明文を要約」した形で掲載しなければなりません。一方、このレイアウトの場合、一般的なフォントサイズで15〜20文字程度の文字数を記述できます。サンプル表記をより詳しく行いたい場合などにも、このレイアウトは有効です。

3. エラー表記をブロック単位で行えるため、どこを直せばよいかすぐに分かる

　ユーザーが入力ミスした項目を知らせる場合、表組レイアウトだと各項目ごとにエラー内容を表示するには横幅が足りなかったりします。そのため、図3-2-1のように、表の上部にエラー内容を箇条書きで表示する作りのものがあります。これではエラー内容が5件以上になった場合、どの項目を修正すればいいのか、すぐに判断することができません。

　そこで、全幅にしたレイアウトを取ることで、各エラー内容をブロックごとに表示できるスペースが確保されます。赤文字のエラーが表記されている部分を順に直していけばよいため、修正のたびにユーザーが迷ったりせずに利用できるフォームとなります。

4. 拡大・縮小をしなくとも閲覧できる

　表組のレイアウトでは、横幅に制限があるため、1つ1つの項目名や入力フォームが小さすぎる場合があります。そのため、ユーザーは画面を拡大したり、縮小したりしながら操作する必要があります。

　一方、全幅のレイアウトでは適度なフォントサイズで入力項目を表示できるだけでなく、入力フォームを拡大せずとも利用できる十分な大きさを確保できます。

　このようなメリットは、一見すると縦のスクロールが多くなるため使いにくいのではないか？　と考えられがちです。ただ、スマートフォンの場合、指で画面をスクロールしながら閲覧すること自体は、著しく操作性を悪くするものではありません。それ以上に、このようなメリットを受け取ることができるため、ユーザー側の使い勝手は格段にあがると言えるでしょう。

アプリでは二者択一の選択項目に、スライドバー型のチェックボックスを活用する

第 3 章
情報入力の
デザインパターン

→PC版ウェブアプリと同じ構成が、
　スマートフォンでは操作性に弊害をもたらす

　図 3-3-1 は、とあるソーシャルアプリにログイン後の設定画面です。
　例えば、自分が投稿した記事の公開範囲を決めたり、投稿があった際の通知メール（お知らせ）などを設定する場合に、

- 設定項目のテキストが小さすぎて選択しにくい
- チェックボックスやラジオボタンがうまく選択できない
- 選択項目が余白なく並んでいるため、個別の選択に手間がかかる

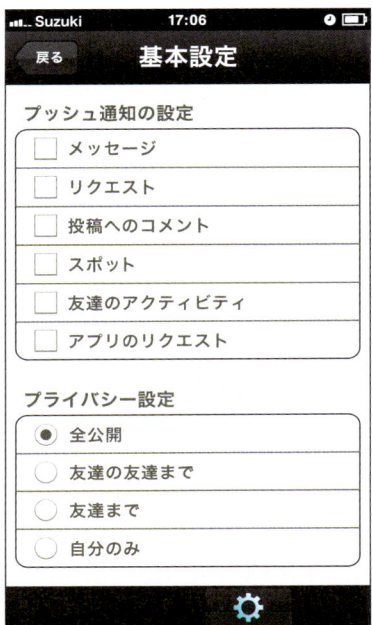

図 3-3-1 ●ソーシャルアプリの基本設定画面
PC版のウェブアプリのように設計されており、ラジオボタンや四角窓のチェックボックスを多様している。選択の判定領域が小さいところをピンポイントにタップする必要あるため、操作ミスのもととなりやすい。

073

といった経験はないでしょうか？

　これはPC用のウェブアプリの設計を、そのままスマートフォンアプリに応用してしまうことで発生している弊害と言えるかもしれません。このような問題を少しでもなくすためには、一体どうすればよいでしょう？

→スライドバー型のチェックボックスを有効活用する

　問題解決の方法として、「スライドバー型のチェックボックス」をうまく取り入れたUIにすることが効果的です。

　例えば、図3-3-2を見てください。これは、図3-2-1の各項目をス

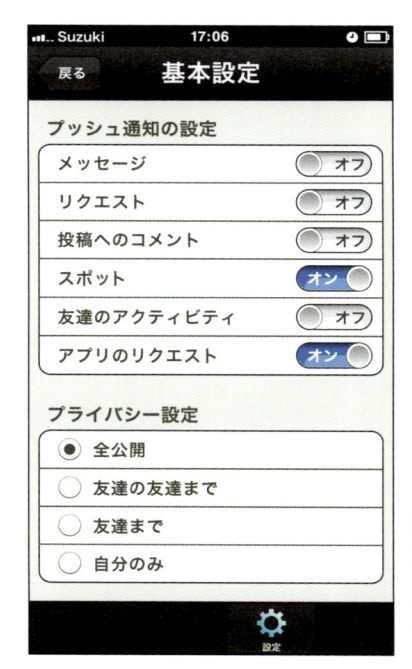

図3-3-2●チェックボックスのスタイルを変更する
チェックボックスのスタイルをスライド式（iOSのみ）に変更した例。チェックの有無は、「その項目のON/OFF」と同じであるため、この形式のUIでも問題ない。タップ以外でも、スライドバーの選択と左右の切り替えで「ON/OFF」を変更することができ、選択領域も大きいことからおすすめの設計例だと言える。

ライドバー型のチェックボックスに変更したサンプルです。四角窓のチェックボックスに比べて、次のようなメリットがあると考えられます。

1. 選択範囲が大きいため、1回のタップで切り替えが可能となる

　まず1つ目は、選択範囲の大きさというメリットがあげられます。

　前述した四角窓のようなチェックボックスの場合、選択の可否を判定する領域が窓枠内だけとなっていることも多くあります。そのため、タップしたのにチェックがつかなかったり、間違って近くのチェックボックスに判定されたりといったことが起きてしまいます。

　これをスライドバー型のチェックボックスに切り替えることで、

- **四角窓のチェックボックス：正方形**
- **スライドバー型のチェックボックス：長方形**

となり、タップの際の判定領域を大きく確保することができます。判定領域が大きくなれば、ユーザーがミスを犯すことなく1回のタップでチェックの切り替えが可能となるでしょう。

2. スライド内部のテキストで、実行後にどのような設定になるか想像できる

　2つ目としては、スライド型のチェックボックス内部にテキストを配置できるというメリットです。

　基本的には、図3-3-2のような「ON/OFF」といったラベル（質問項目などの場合には「はい/いいえ」）をスライドの内部に表現できます。メッセージの通知設定を例にとってみると、「この設定をON（もしくはOFF）にする」ということがUI上から読み取れることになります。四角窓のチェックボックスの場合に比べて、この項目で何が設定されるのかが伝わりやすくなります。

3. タップだけでなく、左右のスライドでも変更できる

　3つ目としては、スライドバーの形状から操作性が分かりやすいというものです。

　この画面を見たユーザーが、補足説明を読まなくとも直感的に操作できる、これはよいUIとして非常に大切なポイントです。スライドバーは「つまみを左右へ移動させるものだ」と、想起しやすい形をしています。例えば、スマートフォンの操作になれていないユーザーが多く利用するアプリなどの場合には、あえてスライドバー型のチェックボックスにしておき、操作性を担保するという視点も必要かもしれません。

4. iOSの各種設定画面と似ているため、学習効率がよい

　最後に、スライドバー型のチェックボックスは、ユーザーがすでに別の画面で同じUIを使い慣れていることが考えられます。特にiOSの各種設定画面では、同じ形状のUIを使って様々な設定を行うことが多いです。それは言い換えると、ユーザーがすでにそのUIの使い方を学習していることを意味します。

　図3-3-2のような画面を初めて見たユーザーでも「あ、この画面はiPhoneの設定画面に似ているな」という印象を持って操作するのとしないのでは、設定完了までのスピードや操作手順のミスなどの要因も格段に変わってきます。

　このような理由から、二者択一の選択項目では、スライド型のチェックボックスをもとにした設計にすることをおすすめします。

プルダウンメニューやチェックボックスは、ラベル部分も選択可能とする

→何度押しても反応しないメニュー

　スマートフォンアプリやウェブサイトの種別を問わず、マイページから登録内容の変更を行っていて、

- **タップしているのに、プルダウンメニューが開かない**
- **タップしているのに、チェックボックスが選択されない**
- **タップしているのに、ラジオボタンが選択されない**

ユーザーにとってみれば、どれも「間違いなくタップしている」にもかかわらず、何も反応が返ってこない。応答がないために、「この画面はおかしくなってしまっているのではないか？」と疑心暗鬼になり、途中で断念してしまう。こんな経験はないでしょうか？

→ユーザーは自分の思い込みで操作してしまうもの

　図 3-4-1 を見てください。これは大手ファーストフードチェーン店のマイページをもとに作成した、プロフィール情報の入力 / 変更を行う画面です。

　例えば、都道府県の設定変更は、「右端に↓」がついていることから「プルダウンメニュー」であると予想できます。それに気づいたユーザーが、同じブロック内の「都道府県」と書いてあるラベルをタップするのですが、本来なら選択項目が表示されるはずなのに何も起きません。

　また、市区町村の設定変更をしようと思い、同じようにラベルをタップするのですが、こちらも変化はありません。

　スマートフォン向けのアプリやサイト設計に関わったことのある人であれば、すんなりと右端矢印のメニュー部分をタップするかもしれません。

　しかし、一般的なユーザーは、「変更したい項目名」を最初にタップしてしまいがちです。このようなユーザーの行為は決して間違っている

図3-4-1●個人情報変更画面
ファーストフード店のマイページ。個人情報を変更しようと思い、各項目のラベル部分をタップするも、何も反応がない。

ものではなく、むしろ自然な操作シーンだと言えるでしょう。
　では、このような問題が起きないようにするためには、どのような部分を改善すればよいでしょうか？

→選択項目の使い勝手をよくする３つのポイント
　改善のポイントは３つあり、どれもちょっとした工夫で操作性が大幅に向上します。

ポイント1. ラベルを選択できるようにする

　ユーザーはラベル部分を押せるものだと勝手に思い込み、タップしてしまい可能性があります。そこで、図3-4-2のように、ラベル部分も選択できるように変更します。例えば、都道府県の変更では、「ラベル」でも「右端の矢印」でもプルダウンメニューが展開するようにすることで、上記のような問題が改善されます。

図3-4-2 ● 個人情報変更画面改善例
ラベルを選択できるように変更し、各項目を罫線で別々に囲むことで選択しやすくする。さらに、手入力が必要な項目については「→（矢印）」を追加する。もし、対象ユーザーが年配の方であれば、操作手順を注釈で説明しておくなども効果的。

ポイント2. 選択可能領域を囲む

　あらかじめユーザー側に「どこまでが選択できるのか」を知らせておくことも大切です。そこで、選択項目の周りを罫線で囲んでみましょう。囲まれたブロック全体を選択可能な領域に設定しておくことで、そのUIを見たユーザーには「どこを押せばいいか」がすぐに伝わります。自分の行為の結果が予想しやすいことは、それだけ誤操作を少なくします。

ポイント3. アイキャッチを追加する

　囲みを作ったブロックの右端に、アイキャッチとなる矢印を追加してみましょう。例えば、都道府県はプルダウンから選択させるため「↓矢印」がついていますが、市区町村などの変更は別画面で手入力する必要があります。

　そこで、市区町村のブロックの右側に遷移を示す「→矢印」を配置します。この矢印を見たユーザーは、「タップして画面が切り替わるんだな」ということを知ることができます。このような気づきを与えるには、ちょっとした手がかりをアイキャッチとして添えてみるのが有効です。

ユーザーが読み取りにくいエラー内容の表示は行わない

第3賞 情報入力のデザインパターン

→全体を確認できないエラーメッセージ

　図 3-5-1 は、ネット銀行のサイトで新規口座開設を行う画面です。

　個人情報を入力していくと、どうやら入力ミスがあり「エラー」が表示されたようですが、

- **吹き出しのエラーメッセージが読みにくい**
- **エラーメッセージが重なってしまい、内容を確認できない**
- **横にスライドしないとエラーの全文がわからない**

図 3-5-1 ●口座開設画面（入力）
オンラインバンクの口座開設画面。エラーメッセージが項目ごとに「吹き出し型」で表示されるタイプだが、メッセージが非常に読み取りにくい。エラー内容が重なり合ってしまったり、1文が長すぎるため、横スクロールしないと確認できない。

こんな経験はないでしょうか？ エラーが分かれば、すぐにでも入力内容を修正できるのに思うように進まない作りになっている。結局、開設を諦めて離脱してしまう方も多いかもしれません。このようなインタフェースを改善するには、どうしたらよいでしょう。

→吹き出し型のエラーメッセージをスマートフォンで表示させる場合の注意点

各項目ごとに1対1で入力判定を行うようなインタフェースでは、エラーメッセージの提示に細心の注意を払う必要があります。特に、このケースのような「吹き出し型」のエラーメッセージを出す場合では、次の2つの部分に注意して設計を行うことが求められます。

1. 簡潔なメッセージとなる文字数

分かりやすく説明しようと、25〜30文字程度のエラーメッセージを表示させることは、かえって文字量が多すぎて読みにくくなってしまいます。入力ミスをどう直せばよいか、一般的なフォントサイズで15文字程度に押さえて表現することで、エラー内容を把握しやすくします。

また、どうしても補足説明が必要な場合には、図3-5-2のように「お困りの方はこちら」というようなリンクを設けておくのも効果的です。入力がスムーズに行えないユーザーの最終手段として、別ウインドウやポップアップで詳細を説明するようにすれば、吹き出し型のエラーメッセージの内容も簡潔なものになります。

2. 入力項目は1行に1つずつ配置する

入力項目が近すぎることで、隣り合う項目にエラーがあった場合、吹き出しが重なって内容がわからなくなることがあります。このような事態を防ぐためには、入力項目の配置を1行に対して1つに限定するこ

とが効果的です。

例えば、図3-5-2のように、カナ文字入力の項目を左右配置から上下の配置に切り替えてみます。これにより、セイとメイの項目にエラーがあった場合でも、両項目の行間に吹き出し型のエラーメッセージを配置することが可能です。

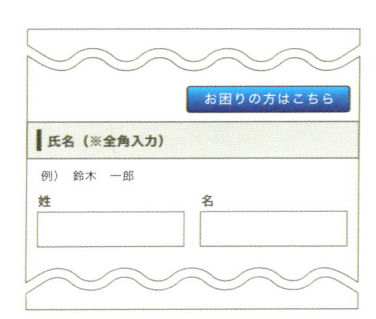

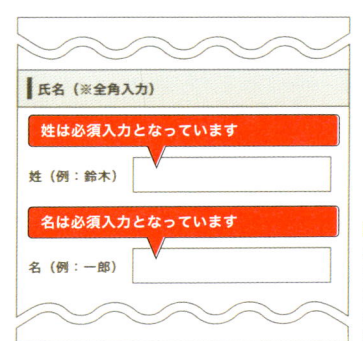

図3-5-2●口座開設画面（入力）
補足説明が必要な項目には、別ウインドウやポップアップ表示のボタンを設置して遷移を促す。また、入力項目を1行に1つ設置して、エラーメッセージの重なりを防ぐ。

プルダウンは1つのメニューの文字数に注意し、10文字を超えるような場合にはラジオボタンを採用する

➡ 全体を把握できないプルダウンメニュー

　図3-6-1は、宿泊施設の予約を行うアプリの画面です。部屋タイプや宿泊人数を入力する際にプルダウンメニューを展開するも、項目名が途中で切れてしまっているところがあります。この項目を選択すれば、選択状態に切り替わるため内容を把握できますが、本来必要ないアクションを強制されるような作りはよいUIとは言えないでしょう。

　では、このような問題を改善するには、どのように変更すればよいでしょうか？ それには、次の2つの考え方があります。

➡ 1. プルダウンメニューを採用し続ける場合

　選択項目としてプルダウンを使う場合には、スマートフォン用にメ

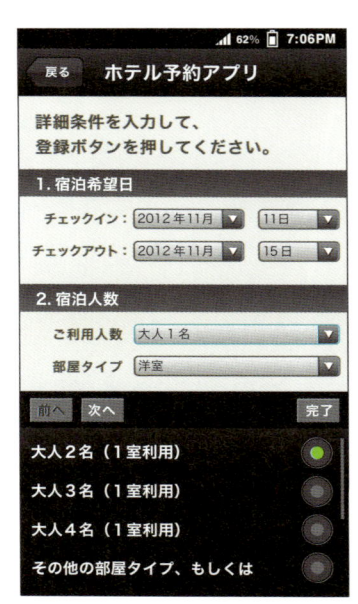

図3-6-1●ホテルの検索/予約アプリ
各種旅行代理店やホテルの一括検索、問い合わせができるアプリ。詳細条件を入力する際に、プルダウンメニューの内容が途中で切れてしまっている。どのような内容なのか、項目名から判断できない。

ニューを最適化する必要があります。それには「メニューの文字数」と「メニュー名の抽象度」のバランスを考えてみましょう。

メニューの文字数

　プルダウン上のメニューの文字数は、文字サイズがデフォルトの状態で、概ね12〜13文字で途切れてしまいます。項目が途中で途切れてしまうと、先に説明したような使いにくさをもたらしてしまいますので、すべての文字数を10文字以内で検討するなどの対策が必要です。

メニュー名の抽象度

　文字数を少なくすると、本来文章で説明していた部分を割愛する必要が出てきます。これにより、本来は具体的な内容だったものが、より抽象的な表現のメニューに変換されてしまうため、メニューの内容が伝わらなくなってしまう可能性が高いです。

　例えば、図3-6-2のように「その他の部屋タイプ、もしくは乳幼児

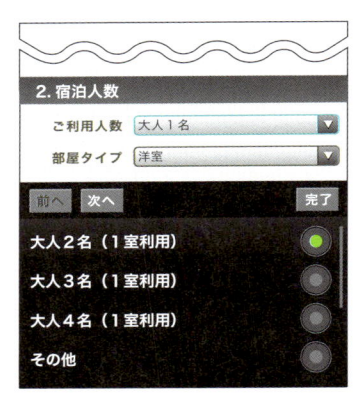

図3-6-2●プルダウンメニューを採用する場合

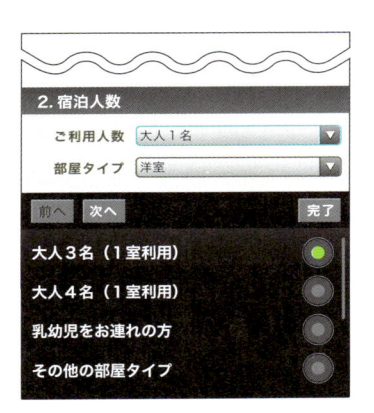

がいらっしゃる方はこちら」という項目を、「その他」というメニュー名に変更したとします。これではメニュー名が抽象的すぎて、その他の中に「乳幼児がいる方」が含まれていると認識できないでしょう。

そこで、10文字以内という制限を設けつつも、メニュー名が抽象的になりすぎないように注意して設計します。「乳幼児をお連れの方」、「その他の部屋タイプ」というように項目自体を2つに分割し、より簡潔な表現にすることで、メニューの抽象度と文字数のバランスがよくなります。

→2. プルダウンメニューを採用しない場合

メニューの項目名を変更したくない場合には、UIの根本的な見直しをする必要がありそうです。

例えば、図3-6-3のように、プルダウンの項目名はそのままで「ラジオボタン」表示に切り替えてみましょう。ラジオボタンであれば、フォ

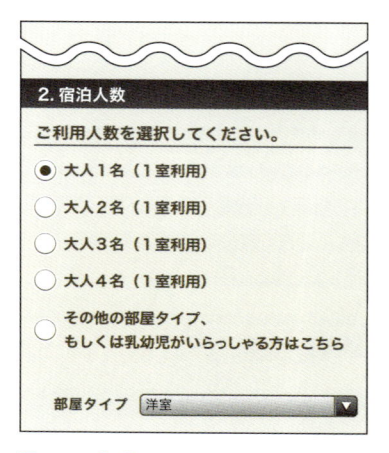

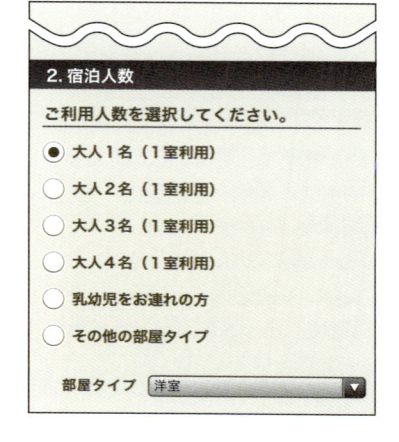

図3-6-3 ●プルダウンメニューを採用しない場合

ントサイズの調整次第で、20〜30文字程度のメニュー名を表示することが可能です。

　ただし、ラジオボタンは基本的に選択項目が定常表示されるUIであるため、今回の例のように1つの項目だけが長文になってしまうと、レイアウトが難しい場合もあります。

　そこで、「1. プルダウンメニューを採用し続ける場合」の場合と同様に、ラジオボタンであっても「メニューの文字数 / 抽象度」を最適なものに変更してみます。こうすることで、メニュー間の文字量がだいたい同じカウントになり、均整のとれたレイアウトを実現できるでしょう。

エラー内容の表示順序は
入力項目の順番と同じ扱いにする

→ **どこを直せばよいか分かりにくいエラーメッセージ**

　図3-7-1は、世界各国の宿泊施設の予約を行うアプリの入力画面です。前画面で、宿泊希望日、滞在日数、部屋のグレードなどを入力し、個人情報と決済情報を入力する最終ステップまで到達したところです。

　しかし、入力内容にミスがあり、フォーム上部に赤文字のエラーがま

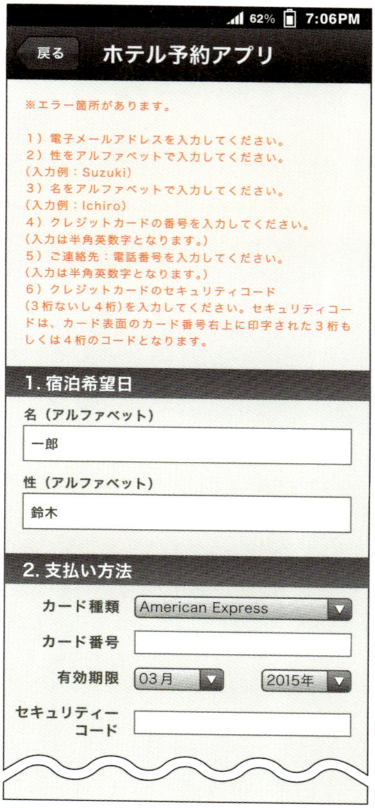

図3-7-1●宿泊施設の予約アプリ
世界各国の宿泊施設の予約を行うアプリ。エラーメッセージの表記では、最もよく目にするパターンなのに、どこか使いにくいのはなぜか？

とめて表示されました。エラー表記では最もよく目にする表示パターンなのに、

- **エラーの場所が分かりにくい**
- **すぐにエラーを修正できない**
- **内容が読み取りにくい**

このケースと同じような経験をしたことはないでしょうか？
　最終ステップまで遷移してきて、このような使い勝手の悪さを感じてしまうと、とてもストレスがたまるものです。このような問題を改善するにはどうすればよいでしょうか？

→上部表示のエラーメッセージで注意すべき3つのポイント
　この問題を解決するには、「配置」、「遷移」、「表現」の3つに注意して、エラーメッセージを変更してみましょう。

1. 配置
　まず最初に、フォームの入力項目の順番と、エラーメッセージで表示される順番を同じ配置にするというものです。図3-7-1では、エラーメッセージの1つ目に「メールアドレスの入力ミス」について表示があります。しかし、実際のフォームを確認すると、メールアドレスの入力は6つ目に位置します。
　そこで、図3-7-2のように、両者の順番を同一のものとして扱うように変更します。フォームとエラーメッセージの内容が1対1で対応することになり、修正箇所を認識しやすくなります。

2. 遷移
　エラーメッセージの配置を変えることで、どこを修正すればよいか把

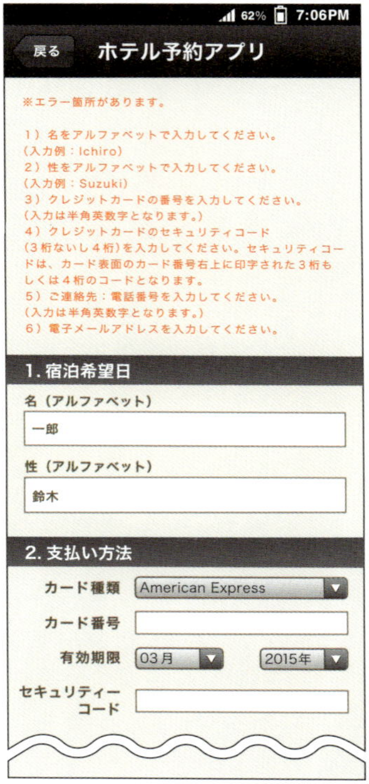

図 3-7-2 ●配置
エラーメッセージとフォームの順番が1対1になるように
変更。修正箇所を把握しやすくなる。

握しやすくなりました。しかし、フォームの項目が多ければ多いほど、過度な下スクロールをしなければならず、修正すべき項目にたどり着くまでに時間がかかってしまいます。

　そこで、図3-7-3のように、「エラーメッセージ」に下線を与え、修正箇所にリンクするように変更します。特に修正内容が1つしかない場合など、上から順番にフォームの項目をたどっていくよりも、ワンタップで瞬時に遷移したほうが効率的です。

図 3-7-3 ● 遷移
エラーメッセージに下線を加え、修正箇所にリンクさせる。上から順番にフォームの項目をたどっていくよりも、ワンタップで瞬時に遷移したほうが、修正が早くできる。

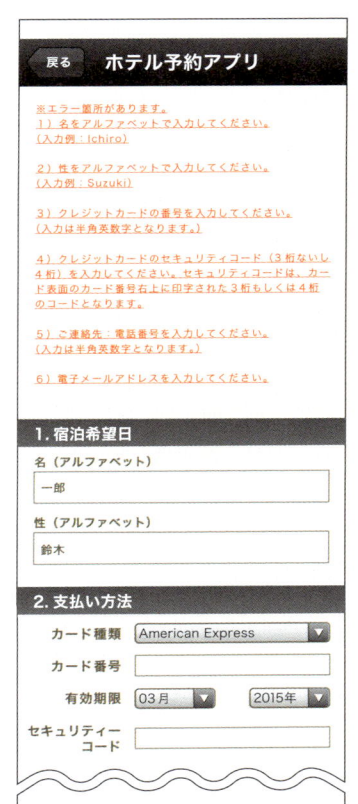

3. 表現

　最後に、エラーメッセージの内容を見直します。この例のように、1つのエラーメッセージで4行以上の長文になってしまうと、エラーがたくさんあった場合に、非常に読み取りづらい表現になってしまいます。

そこで、フォーム上部で表示させるエラーメッセージは簡単なものにしておき、フォーム内で詳細を記述するような2段階の表現をとってみます。例えば、図3-7-4のようにクレジットカードの入力ミスがあった場合には、

- **フォーム上部のエラーメッセージ**：「クレジットカードの入力に誤りがあります」

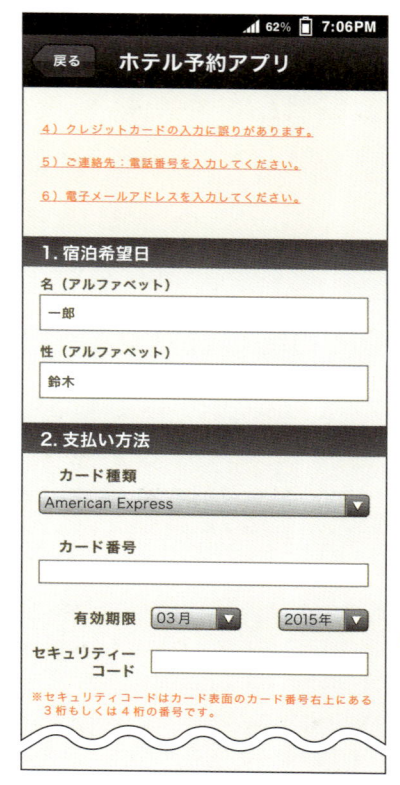

図3-7-4 ● 表現

フォーム上部で表示させるエラーメッセージは簡単なものにしておき、フォーム内で詳細を記述するような2段階の表現とする。エラーメッセージが長文になりそうな場合には、ユーザーの修正ミスをなくすためにも2段階にわけて表示した方がよいだろう。

- **フォーム内の補足メッセージ**：「セキュリティコードはカード表面のカード番号右上にある3桁もしくは4桁の番号です」

というように、表現を変えてみます。

　フォーム上部では、ユーザーに対してエラーがあったことを「気づかせる」役割を果たし、具体的な修正点は「フォーム内で告知する」というやり方です。もし、このケースのようにエラーメッセージが長文になりそうな場合には、ユーザーの修正ミスをなくすためにも2段階にわけて表示した方がよいかもしれません。

第 4 章

情報共有/発信の
デザイン
パターン

4

Facebook、Twitter、LINEなどに代表されるSNSの台頭から、スマートフォンを使って誰でも手軽に情報共有したり、メッセージを発信したりできるようになりました。

情報共有のための機能をまとめる場合には、冗長なアイコンにならないようにデザインする

➡ 一体、どこからシェアするのか分からない

　図 4-1-1 をご覧ください。これは、宿泊予約アプリでプラン詳細を閲覧中の画面です。今見ているこの情報が気になったため、さっそく共有しようと思っても、

- 宿泊先をメンバーに展開したいが、どこから行うのか分からない
- Facebook や Google+ に情報を書き込みたいが、簡単に登録する方法が分からない
- 自分自身のメモとして詳細情報をメールしておきたいが、テキスト全文のコピー以外の方法が分かりにくい

こんな経験はないでしょうか？

図 4-1-1 ● 宿泊予約アプリのプラン詳細画面
どこから情報共有するのはわからない。ページ下部まで閲覧しても、機能を見落としてしまう。実は右上の矢印アイコンが情報共有のボタンとなっている。アイコンのデザインを見ても、これが情報共有だと気づきにくい。

第 4 賞
情報共有／発信の
デザインパターン

図 4-1-1 は、よく見ると共有機能が実装されているのです。しかし、ユーザーはそれに気づかずに見落としてしまいます。その原因はどこにあると思いますか？

→ **アイコンの意図が伝わらず、ページ末端にもシェア機能が存在しない**
その原因は、

- **アイコンのイメージから情報共有機能だとわからない**
- **情報共有機能が特定の場所にしか存在しないため見落としてしまう**

という 2 つの原因が考えられます。
それぞれの原因について、詳しく見ていきましょう。

問題点1. アイコンの持つ意味合いが伝わらない

この事例では、次の 5 つの情報共有機能を「1 つのまとまり」としています。

- E メール
- Facebook
- Gmail
- Google+
- SMS

メール送信、ソーシャルへのシェア、端末へのメモという内容を、「1 つのアイコン」として設置するには、大前提としてそのアイコンを一目見てすぐに内容が把握できる必要があります。

しかし、ページ上部の右端に、「矢印」でデザインされたアイコンがあったとしても、これら 6 つの機能が含まれると予測できるユーザーは非常に少ないのではないでしょうか。

Facebookのシェアアイコン	F	👍Like F いいね！ 120万
Twitterのシェアアイコン	🐦	🐦 ツイート 95
Google+のシェアアイコン	G+	G+ 共有
mixiのシェアアイコン	m	m チェック

図4-1-2 ● 代表的なソーシャルのシェアアイコン
代表的なソーシャルのシェアアイコンは、そのほとんどが自社のロゴや象徴的なイメージをデザインしたものになっている。

　例えば、図4-1-2のように、FacebookやTwitterといった有名なソーシャルのシェアアイコンは、そのロゴを使ったものがほとんどです。ユーザーが情報共有するために、「そのロゴ」を目印に画面内を探していたとしたら、完全に見落とされてしまうでしょう。

問題点2. ページの途中と末端にシェア機能が存在しない
　2点目として、情報共有するための機能がページの上部にしか存在しないということがあげられます。
　例えば、プラン詳細に含まれる内容には、料金、場所、施設概要、ピックアップポイント、アクセス、食事、お風呂、近隣施設情報というように、非常に情報量が多いことが予想されます。それを、この事例のように同一画面内に納めるとなると、「縦長の構成」になりがちです。
　その際に、情報共有のアイコンが上部のメニューバーにしかない場合、ユーザーがページ末端までコンテンツを読み進めていったとしたら、そこでいざ情報共有しようと思っても身動きが取れなくなってしまうかも

しれません。

　上部アイコンの存在に気づいているユーザーがいたとすれば、上に戻って情報共有できる可能性は残っています。しかし、問題点1のとおり、そもそもアイコンの存在に気づいていなかったとしたら、どうすることもできません。

→**アイコンのカテゴリを見直し、各所にシェア機能を配置する**
　このような問題を解決するには、

- **ユーザーが認識しやすいアイコンにする**
- **必要な箇所に情報共有機能を設置する**

という2つの方法が効果的です。1つ1つ詳しく見ていきましょう。

1. 無理にアイコン化しない

　先に述べたような5つの共有機能を1つのアイコンにすることは難しいと考えられます。特に、FacebookやTwitterに代表されるロゴのイメージでシェア機能を探しているユーザーにとっては盲点になってしまいます。

　そこで、無理にグループを作ってアイコン化するのではなく、ユーザーの立場にたって「認識しやすい形」をアイコンにしていきます。

　図4-1-3を見てください。これまで「2つの矢印」で表現されていた内容を、「矢印と共有」を組み合わせたアイコンとして表現します。

　「ユーザーが一目見て、共有機能だと認識できる」形に変更することで、機能の見落としがなくなりようにします。

2. コンテンツエリア内にシェア機能を配置する

　次に、ページを読み進めていった場合でも、すぐに情報共有できるよ

図 4-1-3 ● アイコンカテゴリ改善案

ユーザーが、そのアイコンを一目見てすぐに内容を理解できる表現に変更する。施設の内観、部屋のイメージなどはfacebookやGoogle+などで共有する場合もある。そこで、下部にシェアボタンを配置しておく。

うに機能を追加していきます。ただし、メール、Facebook、Twitterという3つの機能をたくさん設置すればいいというわけではありません。ここでのポイントは、共有したい情報に対応した機能を設置する必要があるということです。図4-1-3のように、

- **住所、アクセスマップ：自分自身の健忘録として、メールで送信しておく場合が多い**
- **内観、外観、風景写真：FacebookやGoogle+などで、情報を共有するシーンが多い**

といった「ユーザーのアクセスポイント」を想定した上で、シェア機能を追加していきます。

さらに、コンテンツエリア末端にもシェア機能を追加しておけば、最後まで読み進めてきたユーザーのキャッチアップにもつながります。このような考え方で「シェア機能」の実装を見直していくことで、どこから「情報共有するのかわからない」といった問題が少なくなるでしょう。

シェアボタン選択後に、現在どのような状況なのかをユーザーに伝える

第 4 賞
情報共有／発信の
デザインパターン

→シェアボタンを押してみたが、何の応答もなくなってしまう

　図 4-2-1 は、ファッション系の EC アプリです。商品の詳細情報をチェックしている時に、この商品を誰かにシェアしようと思ったとします。Facebook、Twitter、mixi といった代表的なソーシャルメディアのアイコンがあるので、その 1 つをタップすると、画面が固まってしまいました。画面上の「前ページへ戻る」ボタンも機能しなくなってしまい、結局、ホームボタンを押して強制終了してしまう。
　そんな経験をしたことはないでしょうか？

→システム側のステータスが分からない

　各種ソーシャルメディアへ投稿を反映したり、閲覧中の情報を共有する際には、実行までにある程度時間がかかる場合はあります。今回の事

図 4-2-1 ●ファッション系の
ECアプリ：商品詳細画面

ファッション系のECアプリで、目的の商品が見つかったためシェアしたいが、アイコンを押してみたら何の反応も返ってこなくなってしまう。

例は、それを代表するもので、「実際には処理が進行中」にもかかわらず、ユーザー側にはその状況を把握する術がないというのが最大の原因です。

このような事態を防ぐためには、システム側の進捗状況をユーザーに伝える工夫が必要不可欠です。その代表的な3つの方法を紹介します。

→表現の違いだけで本質は同じ意味を持つ

システム側のステータスをユーザーに知らせるためには、「その行程が現在進行中であること」を視覚的に伝えればよいということになります。

図4-2-2の方法は、このような意図で設計されたものですが、その表現方法に違いがあります。代表的な3つの方法を順番に見ていきましょう。

図4-2-2●代表的な3つの表現方法

プログレスバーの利点は、始点と終点が視覚的に分かりやすいということがあげられる。「大体どれくらい待てばいいのか」を視覚的に表現することができ、直感的に進捗状況を把握することができる。

現在進行中であることを矢印の回転で表現するもの。矢印が回り続ける限り「システム側の処理が実行中」であることを伝えることができる。

視覚的な表現ではないが、ユーザーにはステータスが進行中であることと、終了の合図を伝えることができる。キャンセルボタンを選択すれば、処理を途中で断念することもできるようにしておく。

1. プログレスバーを表示する

　シェアボタンを選択後に、各種ソーシャルメディアへ投稿が反映されるまでの滞留時間を、矩形型でデザインされた進捗状況を示すバーで表現するものです。プログレスバーの利点は、始点と終点が視覚的に分かりやすいということがあげられます。

　一般的には、左側を始点として目盛りが進んでいき、右端まで来たところで完了を示すようになっています。完了までの正確な時間を表現することは難しいですが、「大体どれくらい待てばいいのか」を視覚的に表現することは可能です。

2. ロード中を示す矢印を表示する

　これもよく使われる方法で、プログレスバーの代替案になるものです。シェアボタンを選択すると、図のような「時計回りの矢印」が表示され、完了するまで延々と回り続けるというものです。

　プログレスバーのように、完了までの「おおよその時間」を把握することはできませんが、矢印が回り続ける限り「システム側の処理が実行中」であることを伝えることが可能です。

3. ポップアップウィンドウを表示する

　最後に、視覚的な表現ではなく「テキスト情報」を提示したい場合を紹介します。画面の上層にポップアップウィンドウを表示させて、必要なテキストを伝えるというものです。

　図のように「Facebookにアクセスしています、しばらくお待ちください。」というテキストを表示させ、かつ「※終了後に、このウィンドウは自動的に閉じます」と補足しておきます。

　こうすることで、ユーザーにはステータスが進行中であることと、終了の合図も伝えることが可能となります。

シェアアイコンは指で問題なくタップできる大きさにする

→ **シェアアイコンが小さすぎて使いづらい**

　図4-3-1は情報ポータルサイトで詳細記事を閲覧中の画面です。ページの最後に各種ソーシャルメディアへのシェアアイコンが配置されています。今、この情報を共有しようとアイコンをタップしてみるのですが、

- 1つのアイコンを押しても何も起こらない
- 別メディアの共有画面が開いてしまう
- 拡大しないと正確に押せない

　このような経験をしたことはないでしょうか？
　シェアボタンが配置されていても、「画面を拡大表示しないと共有機能が使いにくい」インタフェースでは問題があります。この原因はどこにあるのでしょうか？

→ **アイコンをきれいに並べても、使い勝手がよくなるとは限らない**

　この問題の原因は2つあります。それは、「アイコンの大きさ」と「位

図4-3-1 ● 情報ポータルサイトの詳細画面
シェアボタンが配置されていても、「画面を拡大表示しないと共有機能が使いにくい」インタフェースでは意味がない。

置関係」です。

1. アイコンの大きさが小さすぎる

1つ目は、アイコンの大きさが指でタップするには小さすぎるという問題です。

拡大/縮小をしない状態で画面を閲覧中に、アイコンをタップしても正確な反応がなかったりすることがあります。これは、アイコンが小さすぎて選択されたかどうかの判定がなされていないということになります。

2. アイコン同士が近すぎる

2つ目は、アイコンとアイコンの配置が近すぎるという問題です。

Facebook、Twitter、Google+、mixi、Lineといったように、複数のソーシャルメディアへのシェアボタンを設置する場合には、特に気をつけなければならないポイントです。

今回の事例のように、小さすぎるアイコンを1つの領域にまとめて配置すると、間違って隣り合ったアイコンを選択してしまう可能性が高くなります。もし、自分が望まないシェア画面が開いてしまったら、ユーザーはそれを閉じなければなりません。これでは、ユーザーに本来は必要ないオペレーションを課していることになります。

→ **アイコンは指でタップできる大きさを確保し、配置する個数に応じて距離のバランスを取るようにする**

そこで、このような問題を改善するためには、次の3つの方法で見直すのが効果的です。

1. アイコンの大きさの見直し

まず最初に、アイコンの大きさを調べます。

例えば、図 4-3-2 のように、iPhone アプリのホーム画面のアイコン（※ここでは iPhone 3GS を例としています）を基準にして、どのぐらいの大きさに近いのかを調べるのも 1 つの手です。
　ここで考えなければならないのは、「指で問題なく選択できる大きさ」に配慮したデザインにするということです。画面上にいくつかの大きさのアイコンを用意して、実際に押してみれば分かると思いますが、3 の

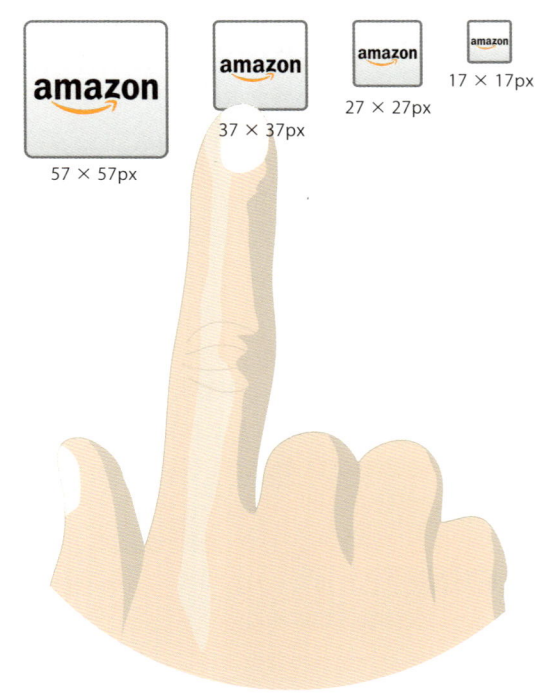

図 4-3-2 ●アイコンの大きさ（iPhone アプリ、ホーム画面のアイコンを基準とした場合の参考例）
左から順番に、「57×57px のアイコン（iPhone アプリのホーム画面のアイコンと同型）」「37×37px のアイコン」「27×27px のアイコン」「17×17px」。指で問題なく選択できる大きさは、「27×27px」程度の大きさが限界となる。「17×17px」のような大きさでは、小さすぎて使いにくい。

27 × 27px 程度の大きさがなければ、そのアイコンは相当押しにくいと思います。

4のような 17 × 17px の大きさでは、小さすぎて使いにくいため、誤操作が起きてしまっても不思議ではありません。

2. アイコンの個数の見直し

次に、シェアボタンで設置するアイコンの個数を調べます。

例えば、アイコンが 1 つしか必要ないのであれば、隣り合う要素がないため「20 × 20px 程度」の大きさでも操作できるかもしれません。

しかし、今回の事例のように、5 つの共有ボタンを設置するとなると、隣り合う要素が複数存在することになります。仮に、アイコンの大きさが小さく、隣り合う要素が多ければ多いほど、目的のアイコンをピンポイントにタップするのは難しくなります。

アイコンの個数に応じて、アイコン同士の配置と近接距離のバランスを取る必要ありますが、図 4-3-3 のようなアイコンの大きさでは、10px 程度の間隔がないと操作しづらいと思います。

このように、アイコン型のシェアボタンの設置では、対象デバイスごとのアイコンの大きさと個数の関係を調べることで、今回のような使いにくさが大分解消されるに違いありません。

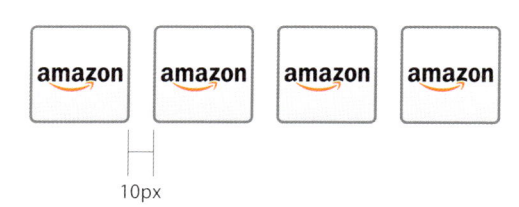

図 4-3-3 ● アイコン同士の近接（27px × 27pxのアイコンを基準とした場合の参考例）
10pxの間隔以下になると、押しにくくなる。アイコンの大きさによって、その間隔は変わってくるが、最低でも10px以上はないと厳しい。

共有先が複数ある場合には、アイコンではなくボックス型のボタンにする

→シェアアイコンが複数あって操作しにくい

　図4-4-1をご覧ください。これは食料品宅配サービスを行っているサイトの商品詳細画面です。画面下部まで読み進めていくと、「このページを共有する」というエリアがあり、Facebook、Twitter、LINEなどのアイコンが配置されています。しかし、

- アイコンが小さすぎて、押しにくい
- アイコン同士が近すぎて、選択しづらい

といった使いにくさがあります。前述した「シェアアイコンの大きさと近接距離」に注意してデザインを変えたとしても、この事例ではそもそもの

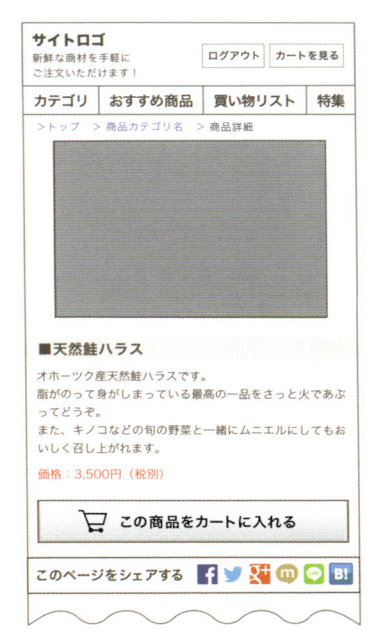

図4-4-1●宅配サービスの商品詳細画面
シェアアイコンが狭い領域に複数並ぶ。1つ1つの間隔が近いため、非常に押しにくい。

アイコンの個数が多いため、大きな改善が見込めない可能性もあります。
　そのような時はどうすればよいでしょうか？

→アイコンが複数ある場合の対処法
　アイコンが5つ以下であれば前述の方法で改善できると思いますが、6、7つになってくると「大きさと近接距離」を十分確保したレイアウトが難しくなる場合もあります。そこで、今回はその対処法として2つのパターンを紹介します。

対処法1. アイコンはアイキャッチに使用し、
　　　　ボックス型のレイアウトで選択範囲を大きく取る
　まず1つ目は、アイコンではない形状で同じ機能を提供するというものです。
　図4-4-2をご覧ください。これは6つの共有機能を、アイコンではなく「ボックス型のレイアウト」で配置した場合のサンプルです。各ソーシャルメディアのロゴは、ユーザーの目に止まりやすいため、アイキャッチとして左側に配置します。その上で、このアイコンを押すことで何ができるかを簡単なテキストで説明します。
　この「イメージ＋テキスト」の1つの囲みをボックスで表現し、同じボックス内であればどこを押してもその共有画面へ遷移するような形にすることで、シェア機能の押しにくさが大きく改善します。

対処法2. 最も使われる共有機能をボックス型で配置し、
　　　　それ以外をアイコンとしてまとめる
　2つ目は、共有機能の中で「最もユーザーに使われる（もしくは、使ってほしい）」ものをボックス型で配置するというものです。
　図4-4-3をご覧ください。例えば、ログデータの解析などから、商

品詳細画面で最も選択される共有機能が「LINE」だったとします。その場合には、LINEの共有ボタンを選択しやすくするため、ボックス型のレイアウトで提供します。それ以外のものについてはアイコンでまと

図4-4-2●ボックス型のレイアウトで配置した場合

「ロゴのイメージ＋テキスト」の1つの囲みをボックスで表現し、同じボックス内であればどこを押してもその共有画面へ遷移するような形にする。小さいアイコンと比べ、シェア機能の押しにくさが大きく改善される。

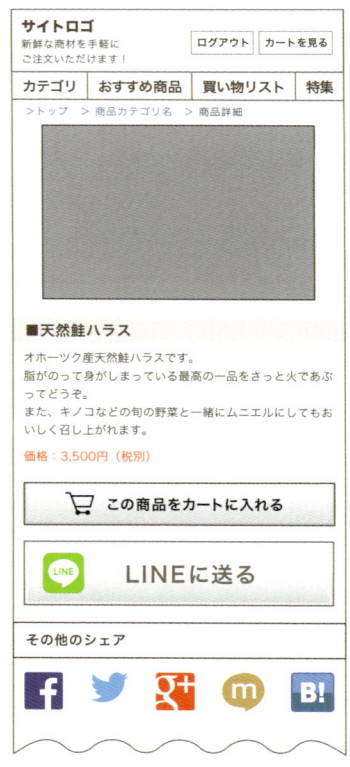

図4-4-3●最も使われる共有機能をボックス型で配置し、それ以外をアイコンとしてまとめる

LINEの共有ボタンを選択しやすくするため、ボックス型のレイアウトで提供する。それ以外のものについてはアイコンでまとめることで、ユーザーが最も利用する共有機能での操作ミスが極力発生しないようにする。

めます。

　このようにすることで、ユーザーが最も利用する共有機能のオペレーションのミスが発生しにくいように設計します。

対処法3. 利用頻度の状況から共有機能の取捨選択をし、
　　　　　アイコンの個数を減らす

　1と2はレイアウトの変更で対応するものですが、最後に紹介するのは「共有機能」そのものの必要性を再定義するというものです。

　6つの共有機能がすべて必要なのかどうかを把握するには、ユーザーの利用動向をログデータやユーザー調査から吟味する必要がありますが、仮に6つの共有機能のうち、2つのアイコンはほとんど使われていないという現状が分かったとします。そのような場合には、他のアイコンの押しやすさを担保するため、この2つを思い切って排除します。

　画面上、どうしても必要な要素なのかどうかを再検討し、場合によっては機能を削減することで、他の機能の見つけやすさ／押しやすさが改善する場合もあります。

同一画面内に複数のシェア機能を
設置しにくい時には、
シェア機能のみをポップアップ表示させる

→ページ下部にメニューやリンクなどの要素が多すぎて分かりにくい

　図4-5-1は新聞社のウェブサイトで、最新記事の詳細を見ている画面です。「続きを見る」というリンクを選択すると、記事の詳細がテキストで表示されました。そこで記事の終わりまで全体を読んでいくと、「この情報を共有する」ための各種リンクが設置されているのですが、

- 関連リンクが多すぎて、どこからシェアするのか分かりにくい
- シェア機能よりも広告枠が目立ちすぎて、機能を見落としてしまう
- 記事の終わりがページの中段になるため、他のテキストやリンクなどの要素が多すぎて分かりにくい

図4-5-1●新聞社のウェブサイト
記事の終わりに共有機能が複数並ぶが、関連記事や広告などのその他の情報が多すぎて見落とされてしまう。

こんな経験はないでしょうか？

→共有機能以外に掲載しなければならない情報が多すぎる

　これは同一画面内に配置する情報が多すぎて、共有機能を見落としてしまうということが大きな原因の1つです。もちろん、前述したようなボックス型のレイアウトで配置しなおすこともできますが、今回の事例のようなニュースサイトでは、

- 関連記事のテキストリンク
- バナー型のイメージ広告
- テキスト型の広告
- 他のユーザーが読んでいるレコメンド記事
- ランキング別の記事
- ユーザーの声

といったように、1つの記事の終わりに様々な情報が羅列されることになります。これでは、共有機能をボックス型に配置して、アイコンとテキストでユーザーに注意喚起を行ったとしても、「機能の見落とし」を改善できる保証はどこにもありません。

　一体、どうすればよいでしょうか？　このような問題を解決するには、次の2つの考え方が必要です。

他の要素があっても、共有機能の見落としがないようにする

　1つ目は、他の要素よりも共有機能が目立つように配慮するというものです。

　今回の事例では、複数の共有機能をリンクとして設置しているものの、広告記事やレコメンド、関連記事などのテキストリンクが周辺に混在するため、機能自体を見落としてしまうことが問題でした。

そこで、図4-5-2のように、画面横幅いっぱいの「シェアボタン」を配置します。その上で、他の周辺要素よりもユーザーの目に止まりやすいように、

- **周りの要素とは異なる色味とする**
- **ボタンだと分かるように、陰影をつけるなど質感に配慮する**
- **情報共有だとわかるようなアイコンを設置する**

といった工夫も行います。
　共有機能を見落としてしまうこと、その機会損失を最少限に押さえる

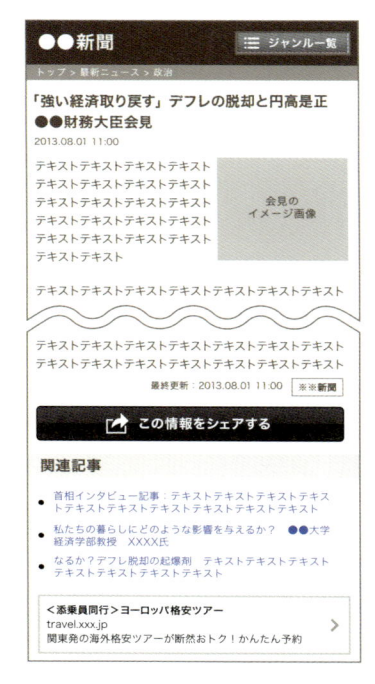

図4-5-2●共有機能をひとまとまりのボタンで表現する
他の要素よりも視覚的に目立ちやすいデザインとし、ユーザーに「気づき」を与える。

ためには、他の要素よりも視覚的に目立つ特徴が必要不可欠です。「全幅表示させたボタン」は、テキスト情報を読み進めてきたユーザーにとってみれば、そのレイアウトや形状が異質な要素になります。ユーザーに「気づき」を与えることで、共有機能の見逃しが起こらないようにします。

複数の共有機能をポップアップ表示させる

2つ目は、共有機能を見つけられるようにボタンを設置したら、「複数の共有機能」をどのように提示するかを考えます。

ここで重要になるのは次の3つのポイントです。

- シェア機能の全体像がわかること（情報の一望性）
- 求めているシェア機能をすぐに抽出できること
- シェア機能が選択しやすく、押し間違いがないこと

この3つのポイントをすべて満たすようにUIを考えると、次に示す2つのパターンで展開することが可能だと考えられます。

1. ポップアップ内に複数のアイコンを配置する

iOSのホーム画面のように、共有機能のアイコンをラベル付きで複数表示させるというものです。

「この情報をシェアする」というボタンを選択すると、図4-5-3のように画面全体を覆うようにポップアップウインドウが表示されます。その中で、各種共有機能を1列に3つずつ配置します。

先に述べた3つのポイントはすべて満たしており、かつiOSのホーム画面と同じ設計パターンになるため、その操作方法について「ユーザーがすでに学習済み」であることから、学習の効果が高いUIパターンだと考えられます。

**図4-5-3●ポップアップ内に複数の
アイコンを配置する**
iOSのホーム画面のように、共有機能の
アイコンをラベル付きで複数表示させる。

2. ポップアップ内に複数のブロック要素をボタンとして配置する

　これはスマートフォン向けのウェブサイトなどで、「メインメニュー」を表示させるときによく利用される形です。

　シェアボタンを選択後、図4-5-4のように縦1列のボタンが複数表示されます。ユーザーがこの画面を見て直感的に操作できるように、各ボタンにはアイコンとラベルの両方を使ってデザインします。

　これも先に挙げた3つのポイントをすべて満たしており、情報ポータルサイトなどで同型のメインメニューはよく見かける形であるため、学習の効果が高いUIパターンだと考えられます。

第 4 章
情報共有 / 発信の
デザインパターン

図 4-5-4 ● ポップアップ内に複数のブロック要素をボタンとして配置する

縦1列のボタンを共有機能分だけ表示させる。ユーザーがこの画面を見て直感的に操作できるように、各ボタンにはアイコンとラベルの両方を使ってデザインする。1.アイコン表示よりも、テキストで表現できるスペースが多いため、ラベルを使って詳しい説明をしたい場合などにも効果的なレイアウト。

第 5 章

情報閲覧の
デザイン
パターン

5

　スマートフォンを使って情報が読みやすく、操作しやすいUIとするためには、どのような点に気をつけなければならないのでしょうか？
　いくつかの事例をもとに、そのデザインパターンと配慮すべきポイントについてまとめました。

ローテーションメニューは、左右のフリックに対応していると分かるデザインにする

→ 複数のイメージが切り替わることが分からないデザイン

　サイト上部に配置される大きめのビジュアル領域では、ユーザーにとっておすすめの情報や、新作のPR情報を配信するためのエリアとして使われることがあります。例えば、図5-1-1は実際にある宅配ピザのウェブサイトをもとに作成したものですが、

- 左右のフリックでイメージが切り替わることがわからなかった
- おすすめのクーポン情報が載っていたのに、トップに表示されなかったため見落としてしまった
- 新商品の告知があったのに、ビジュアル領域からの導線が分かりづらく、コンテンツを見逃してしまった

そんな経験はないでしょうか？

図5-1-1 ● 宅配ピザのウェブサイト
ビジュアル領域が左右フリックに対応していることに気づかず、おすすめの情報を見逃してしまう。

サイト運営側にとってみれば、ページ上部の最も目立つ位置に情報を配信しているつもりでも、ユーザーはその存在に気づかずに、価値ある情報を見逃してしまう。これでは何のためのビジュアル付きPRなのかわかりません。

このような問題を防ぐためには、UIをどのように改善すればよいでしょうか？

→フリックの存在に気づかせる3つの方法

今回のようなビジュアル領域が、左右のフリックで操作できることをユーザーに伝えるためには、次のような3つの方法で対応できます。

方法1：フリックだけでなく「矢印」ボタンを配置する

まず最初に紹介するのは、ビジュアル領域の左右に「矢印」ボタンを配置し、左右切り替えの実行機能を追加するというものです。

例えば、図5-1-2のように、イメージの左右に丸い囲みで覆われた矢印を配置します。ユーザーに対して、ビジュアル自体を左右にフリックさせることができるということを暗に示すだけでなく、この矢印部分もボタンとして選択できるようにしておきます。

こうすることで、左右のフリックに気づかなかったユーザーでも、矢印ボタンからイメージを切り替えることが可能となるため、コンテンツの見逃しを最小限に押さえることができると考えられます。

方法2：複数のローテーションメニューがあることを伝えるためのアイキャッチを配置する

次の方法は、ビジュアル領域の下部に、丸印に象徴されるアイキャッチを配置するというものです。

これは図5-1-3のようにローテーションメニューの個数分だけ、丸

図5-1-2 ● フリックだけでなく「矢印」ボタンを配置する

左右のフリックに気づかなかったユーザーでも、矢印ボタンからイメージを切り替えることが可能となる。コンテンツの見逃しを最少限に押さえることができる。

図5-1-3 ● 複数のローテーションメニューがあることを伝えるためのアイキャッチを配置する

この形状を配置することで、表示切り替えすることにより別のローテーションメニューが展開されるということをユーザーに示唆することができる。また、現在のビジュアル領域に展開されているものを分かりやすく伝える効果もある。

い形状のオブジェクトを並べるもので、現在のビジュアル領域に展開されているものを分かりやすく伝える効果もあります。

この形状を配置することで、「いくつの情報がローテーションされるのか」を直感的に判断でき、表示切り替えすることで別のローテーションメニューが展開されるということをユーザーに示唆することができます。

方法3：左右に半透過状態のビジュアル要素を配置する

最後の方法は、ビジュアル領域の左右に、ローテーションで展開され

る別の要素を「ちら見せ」しておくというものです。

　図 5-1-4 をご覧ください。最初に表示されるビジュアル素材の両脇に、半透過状態の別要素が配置されているかと思います。これは、フリックさせることで閲覧できるメニューの一部分であり、本来は奥に隠れてしまい見えない要素です。

　これをビジュアル領域の左右に「半透過状態」で配置することで、ユーザーに対して「別要素が存在する」ということを気づかせる効果があります。

　また、方法 2 で紹介したアイキャッチと複合させることで、

- **左右フリック対応への気づき**
- **複数個のメニューの存在**
- **現在見ている情報がどれにあたるか**

図5-1-4 ● 左右に半透過状態のビジュアル要素を配置する

表示されているビジュアル領域の左右に、次の素材を半透過状態でちら見せする。
方法2で紹介したアイキャッチと複合させることで、左右フリック対応への注意喚起と、複数個のメニューの存在を同時に伝えることができる。

といった情報も与えることができます。ここで紹介した方法を、各サイトのデザインにあわせて応用することで、フリックの見逃しによる機会損失を最少限に押さえることができるでしょう。

縦長のフリック領域を連続させない

→**縦にスクロールできないトップページ**

　図 5-2-1 は、とある情報ポータルサイトのトップページです。サイトトップの全体像をざっと見ようと思い、縦にスクロールさせてみるのですが、

- スクロールに反応しない
- 別要素が左右に切り替わってしまう
- タッチパネル上の指点を変えても、反応に変化がない

このような経験はないでしょうか？
　一般的に、情報ポータル系のサイトでは、そのトップページでユーザーに対して告知したい情報は複数存在します。そういった状況から、1つの領域を使って複数の情報を表示させるために、「ビジュアル素材の切

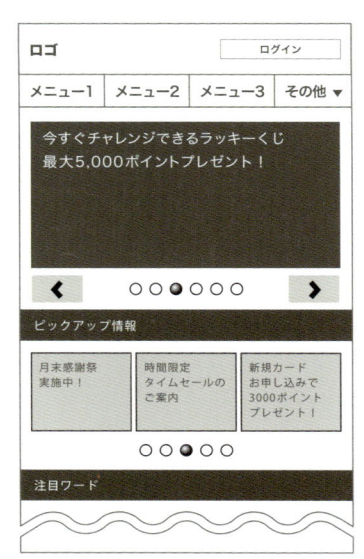

図5-2-1●情報ポータルサイトのトップページ
ローテーションメニューと、ニュース情報の2つが、左右フリックに対応したエリアとして挙動するのだが…

り替え」や、同一カテゴリのニュース情報などを、「左右フリック」で閲覧させようとするサイトを多く見かけます。これらはローテーションメニューと総称されますが、実は閲覧を妨げる致命的な問題になる場合もあるのです。

→**連続した左右フリック対応領域により、本来の閲覧が阻害される**

今回のケースでは、上部のローテーションメニューと、その下部のピックアップ情報の2つが、左右フリックに対応したエリアとして挙動します。このようにフリックのエリアが連続すると、ユーザーが指で下スクロールしても、画面上の判定が「中途半端な左右フリック」として解釈されてしまい、縦にスクロールさせることができなくなる場合があります。

特に、図5-2-2のように、片手でスマートフォンを操作している時

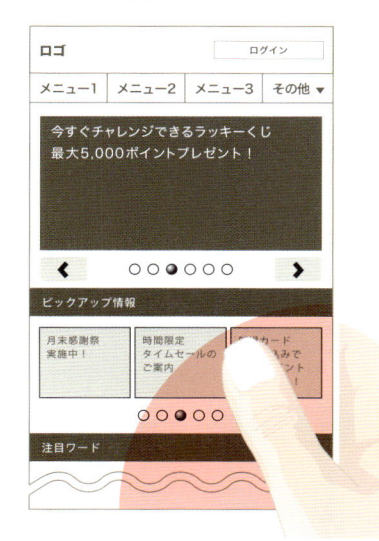

図5-2-2 ● 上下スクロールをさせるときの親指の軌跡
上下スクロールをさせるときの親指の軌跡は、「右下を起点として扇形」になりがち。フリックエリアの連続から、スクロールなのかフリックなのか判定が難しく、挙動が安定しない。

を考えてみてください。今、手元にスマートフォンがある方は、実機で上下スクロールをさせるときの親指の軌跡を見てみればおわかりかと思いますが、その動きは「右下を起点として扇形」になりがちです。

　これは、正確な「縦のスクロール」ではないため、フリックなのかスクロールなのか解釈できずに、結果として今回の事例のような問題になってしまうのです。この問題を解決するには、一体どうしたらよいでしょうか？

→改善のポイント
　このような問題が起こらないようにするためには、次の2つのポイントに注意することが必要です。

1. フリック領域を連続させない
　フリックさせる領域が上下に連続してしまうと、一画面内での占有率が大きくなってしまいます。結果として、上下スクロールの判定が難しくなり、スムーズなコンテンツの閲覧が阻害されてしまう場合もあります。

　そこで、左右フリックに対応した領域はできるだけ連続させないで配置します。例えば、図5-2-3のように、ローテーションメニューの下段に配置される「ピックアップ情報」を、イメージとテキストリンクに変更した上で、縦一列に情報を並べます。

　左右フリック非対応の要素とすることで、片手の操作でも上下スクロールが問題なくできるようになります。

2. フリック領域の大きさを各種端末で調べる
　フリックさせる領域が1つだけだとしても、その領域が大きすぎてしまうような場合には、「1. フリック領域を連続させない」と同じよう

図 5-2-3 ●「ピックアップ情報」をイメージとテキストリンクに変更し、それを縦1列を並べた場合のサンプル
左右フリック非対応のコンテンツとすることで、片手の操作でも上下スクロールが問題なくできるようになる。

に一画面内の占有率が大きくなります。また、各端末の画面サイズも影響を与えるため、実機を使ってどのように見えるのか検証するのが効果的です。

例えば、主要端末の画面サイズは

- GalaxySIII：1280 × 720 px
- iPhone4S：960 x 640 px
- iPhone5：1136 × 640 px

となっています。同一サイトを閲覧したとしても、GalaxySIII とiPhone4S では「縦 320px」の差があるため、GalaxySIII では問題な

く上下スクロールできたコンテンツでも、iPhone4Sでは閲覧しにくいという状況も十分考えられます。フリック領域を配置する際には、この2点に注意して画面レイアウトを設計することが必要不可欠です。

スマートフォンサイトではページ上部にすぐに戻れる機能を追加する

→ページ上部にすぐに戻りたいのだが…

　図 5-3-1 をご覧ください。これはニュースサイトの詳細ページの画面です。上から順に内容を読み進めて来て、ページの末端までたどり着きました。ここで、別のサイトを検索しようと思い、ページ上部の検索窓へ移動しようとするも、

- 上下スクロールしないと戻れない
- 上部へ戻るためのリンクやボタンを探してみたが存在しない

こんな経験はないでしょうか？

図5-3-1 ●テキストが多く「縦長」の構成で表現されることが多い詳細記事

このページを末端から上部まで戻るのに、「上下のスクロール」を強制するのはよいUIではない。

特に、今回のケースのようなニュースサイトでは、1ページあたりのテキスト量が膨大になりがちです。そのため、「縦長」の構成で表現されることが多くあります。

　このページを末端から上部まで戻るのに、「上下のスクロール」を強制するのはよい方法ではないでしょう。

→各端末の基本機能でも違いがある

　では、どのように改善するかを考える前に、各端末の違いについて把握しておく必要があります。なぜなら、今回紹介する改善方法は、ほぼ「Android端末」向けのものになるためです。

　図5-3-2を見てください。これはiPhone4Sでサイトを閲覧してい

図 5-3-2 ● iPhone4でSafariを使ってサイトを閲覧中の画面
ブラウザの上部分をタップすれば、サイト上部にすぐに戻ることができる。

る画面です。iPhoneの場合には、ページの末端までコンテンツを読み進めて来たとしても、ブラウザ上部の「メニューバー」をタップすれば、そのページの上部に戻ることができます。

しかし、GalaxyS3のようなAndroid端末では、上部のメニューバーをタップしても、iPhoneのような瞬時にもどる機能が実装されていません。そのため、今回のケースのような問題が起こりやすくなってしまいます。

→ページ上部に戻る機能を設置する

このような背景を踏まえて、ページ上部へのスムーズな遷移を提供するためには、不足している機能を補う必要があります。それは「ページ内リンク」で上へ戻るという機能を追加することになるのですが、ユーザーの利用シーンを考慮して設置箇所を検討する必要があります。大きくは次の2つの場所になります。

1.コンテンツ終了部分にテキストリンクを設置する場合

まず1つ目は、ページ途中のコンテンツ終了部分に設置するというものです。

図5-3-3をご覧ください。ユーザーが記事を眺めてきて、読み終わった直後の段落に「↑上へ戻る」というテキストリンクを設置します。これにより、1つの記事を読み終えたユーザーは瞬時にページ上部に戻ることができます。

2.フッターエリア部分にテキストリンクを設置する場合

2つ目は、ページ最後のフッターエリア内にテキストリンクを設置するというものです。

図5-3-3のように、記事以外の関連情報などを読み進めてきたユー

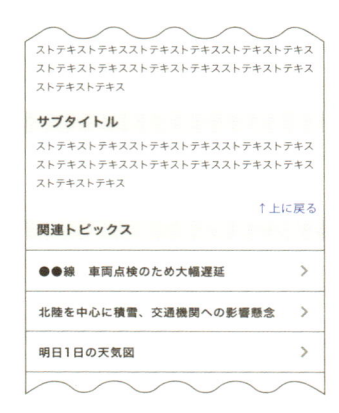

図 5-3-3 ●テキストリンクの設置箇所
記事が読み終わった直後の段落に「↑上へ戻る」というテキストリンクを設置。1つの記事を読み終えたユーザーが、瞬時にページ上部に戻ることができる。

ザーのために、フッターエリアにも「↑上に戻る」というテキストリンクを追加しておきます。

　「何か他にも情報があるかもしれない」とページの最後まで閲覧するユーザーもいるかもしれません。そのような場合を考えると、「1. コンテンツ終了部分にテキストリンクを設置する場合」の方法だけでは対応することができません。

　縦長のページ構成になりそうな箇所には、できるだけこの2つの方法を併用して配置することで、ページ末端から上部へのスムーズな連携が図られることになり、コンテンツの閲覧のしやすさが向上するでしょう。

文字の読みやすさをサポートする
フォント切替／サイズ変更機能を実装する

→ **長文が延々と続くコンテンツ、スマートフォンで見るのは至難の技**

　図 5-4-1 は、スマートフォン向けニュース配信アプリの詳細画面です。本文を読み進めている途中で、

- **本文の文字が小さすぎて読みにくい**
- **拡大／縮小をしながらでは閲覧しにくい**
- **縦方向に流れるように読み進められないため、ストレスがたまる**

こんな経験はないでしょうか？

　一般的に、詳細記事は見出し要素と本文、各種イメージで構成されますが、どれもテキスト主体のページになりやすい傾向があります。文字だらけのページの可読性をあげるためには、一体どうすればよいでしょう。

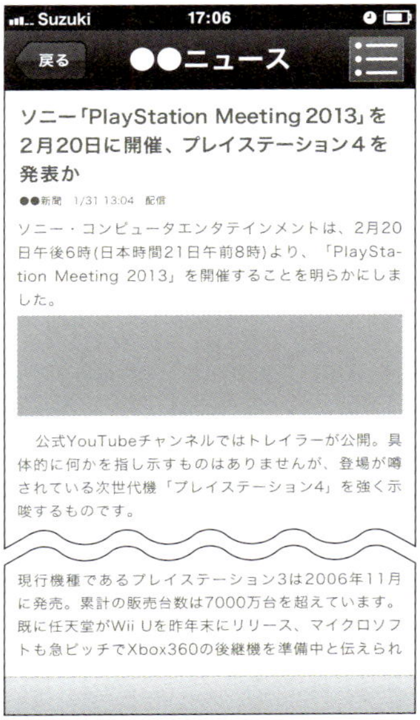

図 5-4-1 ● スマートフォン向けニュース配信アプリの画面
詳細記事は見出し要素と本文、各種イメージで構成されることが多く、どれもテキスト主体のページになりやすい。長文が続くと、読んでいて疲れたり、読みにくかったりする。

→閲覧しやすいフォント、フォントサイズはユーザーごとに異なる

　改善方法として、フォントとフォントサイズを自由に変更できる機能を実装することが望ましいのですが、どれだけの種類を用意すればよいかがポイントになってきます。

　例えば、今回のニュースアプリをサンプルとして考えていくと、その利用者像は「若手のビジネスマン」から「50～60代の年配の方」まで多岐にわたることが想定されたとします。そのような場合には、フォントの種類とサイズをユーザーが自由に変更して、各々にあった形で閲覧できることが望ましいでしょう。

　そこで、フォントの種類とフォントサイズの2つについて、どのように改善していくかを紹介します。

1. フォントの種類

　本文の表示方法は、基本的にゴシック体になっていることが一般的です。

　ただし、今回のようなニュース記事を考えたとき、新聞や電子書籍を読まれている方にとってみれば、本文が「明朝体」の方が馴染みやすく、読みやすい可能性もあります。

　そこで、図5-4-2のように、ゴシック体/明朝体を切り替えるためのチェックボックスを配置します。メニューバーに「フォント切り替え用のアイコン」を設置して、いつでも自由にフォントを変更できるようにすることで、自分にあったフォントで長文を読み進めることができるようになります。

2. フォントサイズ

　次にフォントサイズについて考えてみます。これもユーザーによって読みやすいサイズが大きく異なります。そこで、「サイズ変更用のイン

図 5-4-2 ●スマートフォン向けニュース配信アプリの画面
フォント変更用、文字サイズ変更用のアイコンを追加した例。

ジケーター」を実装してみましょう。

　図 5-4-2 のように、フォントサイズ可変アイコンを選択すると、小、中、大の 3 段階表示でフォントを変更できるインジケーターが表示されます。ここで、インジケーターの目盛りと実際の本文のフォントサイズを同じものにしておけば、サイズを切り替えなくとも文字の大きさを確かめることができます。

　フォントの種類、フォントサイズを変更することで、仮に長文テキストであったとしても可読性が格段にアップする場合もあります。テキストの分量を見直す前に、UI の機能改善に着目してみるのも一考です。

複数の画像表示では、ページ切り替えではなく追加読み込み機能を実装する

→ページ切り替えに手間がかかるインタフェース

　飲食店やファッション店舗などのサイトでは、お店のメニューや取り扱い商品を画像で掲載することが多くあります。図5-5-1は、某飲食店のサイトですが、どんな料理を扱っているのか写真で確認しようとしたところ、

- 次のページへ切り替えるボタンが押しにくい
- ページ切り替え用のカウントリンクが小さすぎて押せない
- ざっと全体を見たいのに、ページ切り替えしないと把握できない

こんな経験はないでしょうか？
　矢印ボタンやテキストリンクが小さすぎると、ユーザーはピンポイントにタップできず、次のページへ遷移できなかったり、押し間違えて別のページへ遷移してしまったりします。メニュー一覧を表示させるだけ

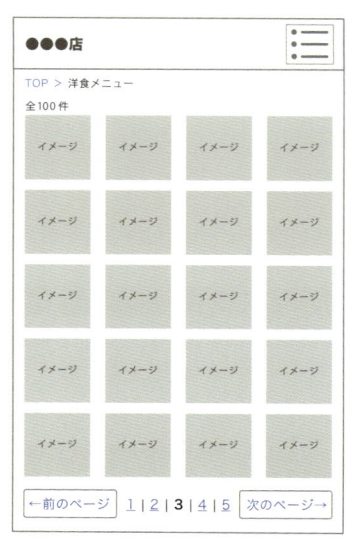

図5-5-1●某飲食店メニュー一覧
別のメニューを画像で確認したいが、ページ切り替え部分を正確にタップできない。押し間違いが発生してしまう。

で、このような正確さを要するようでは効率的な UI とは言えないでしょう。この問題はどこに原因があるのでしょうか？

→PC と同じページング機能は、スマートフォンには不向きである
　この問題は、PC サイトと同じような「ページ番号リンク（ページング）」を、スマートフォンでも流用してしまっていることが原因です。

1. 操作方法の違い
　例えば、PC サイトではページの閲覧にマウスポインタを使うことが一般的です。マウスポインタを使えば、画面上の小さいテキストリンクでも正確に選択することができます。図 5-5-1 のようなページ切り替えであっても、「ページカウント」の部分を選択することは容易でしょう。
　しかし、スマートフォンの操作は指を使います。片手のみで操作する場合には「親指」、両方の手で操作する場合には「人差し指」で画面をタップすることになります。指先をわずか 10pt 程度のテキストリンクに正確に当てることを想像してみてください。これは相当難しいことだと考えられます。

2. 画面解像度の違い
　同じような飲食店サイトのメニュー一覧を、PC で閲覧する場合を考えてみます。一般的な 1024 × 768px のディスプレイで閲覧した場合には、画面構成にもよりますが、概ね 1 行に配置される写真点数は多くなります。さらに、複数行を 1 画面内で見比べることができるため、「ページング」を利用して表示切り替えを頻繁に行うことは少なくなります。
　しかし、スマートフォンでは、適度な大きさの画像をサムネイル表示させる場合、1 画面内で表示できる点数に限度があります。図 5-5-1 を例にとると、「5 行 4 列の 20 点」が最大値になります。仮に全メニュー

が 100 点あった場合には、5 ページにまたがる構造になります。

「さっきみた写真をもう 1 度みたい」と思っても、目的の画像を探し出すのにページ送りする必要があります。ここで「1. 操作方法の違い」の問題が発生してしまうため、結果としてユーザーは使いにくさを感じてしまうのです。

→ページングさせずに、追加読み込み機能で対応する

では、この問題を解決するにはどうすればよいでしょうか？ その答えの 1 つに、「ページング」を使わずに別画像を表示させる UI に変更するというものがあります。ここでは 2 つのデザインパターンを紹介します。

パターン1：画像一覧の末端に追加読み込みボタンを設置する

1 つ目は、画像一覧の最後に大きめのボタンで「追加読み込み機能」を設置するというものです。図 5-5-2 のように、最初の 20 点の画像が終わった段階で「さらに画像を読み込む」というボタンを表示させます。このボタンを選択すると、ボタンのアイキャッチと文言が「読み込み中」を示すものに切り替わります。しばらく待つと、次の 20 点の画像が下段に表示されるようなインタフェースです。

パターン2：画像一覧の末端までくると、自動的に追加読み込みが動作する

2 つ目は、ボタンの追加などは行わずに、自動的に次の画像の読み込みが行われる仕組みを実装するというものです。図 5-5-3 のように、最初の 20 点の画像が終わったところで自動的に追加読み込みが起動し、次の 20 件が表示されます。読み込みが発生したタイミングで、画面上を透過させて「読み込み中」を示すアイコンを提示するなどすることで、ユーザー側にも、いま何が実行中であるかを伝えることができます。

第5章
情報閲覧の
デザインパターン

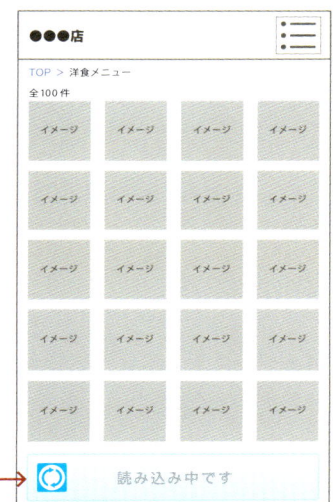

図5-5-2●「追加読み込み機能」が設置された
ウェブサイト
最初の画像一覧が終わったところで「さらに画像を読み込む」というボタンを表示する。ボタンを押すと、読み込み中の内容に切り替わる。

図5-5-3●自動的に次の画像の読み込みが行われる仕組みのウェブサイト
最初の画像一覧が終わったところで自動的に追加読み込みが起動し、次の20件が表示されるようなパターン。

画像を見やすくするには、「拡大後のフリック切り替え」か「一覧での表示切り替え」を実装する

→小さすぎてよく分からない画像

　図 5-6-1 は宿泊施設のウェブサイトです。館内の様子や内装を確認しようと、画像一覧ページを見ているところですが、

- **サムネイルが小さすぎてよくわからない**
- **そもそも、サムネイルをタップしても拡大表示されない**
- **拡大表示されても、それを閉じないと別の画像を選択できない**

こんな経験はないでしょうか？

　宿泊施設に限らず、飲食店や小売店など、「複数の画像」を一覧で表示させる必要がある場合には、画像の見せ方は特に注意しなければなりません。今回のような問題は、なぜ起きてしまうのでしょうか？

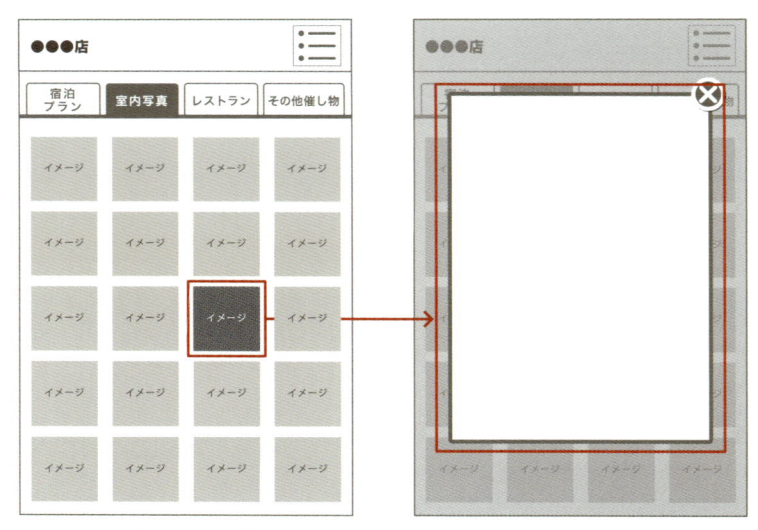

図5-6-1●宿泊施設のウェブサイト
画像一覧から気になるものを拡大表示しても、それを閉じないと別の画像を選択できない。

→ユーザーは大きい画像で比較したい

　PCと比べると、スマートフォンの画面は非常に小さいものです。しかし、ユーザーはより鮮明で具体的な画像を見て、「最終的な判断をしたい」という欲求を持っています。そこで、サムネイルの拡大表示機能をつけても、上のような問題が発生してしまいます。単純な機能追加ではなく、画像表示ページのUIのあり方を、根本から見直さなければなりません。

　今回は、画像表示に最適な2つのデザインパターンを紹介したいと思います。

パターン1：拡大ページで左右フリックに対応させる

　まず1つ目は、サムネイルの拡大表示後の画面で、別の画像も自由に閲覧できるようにするというものです。図5-6-2をご覧ください。

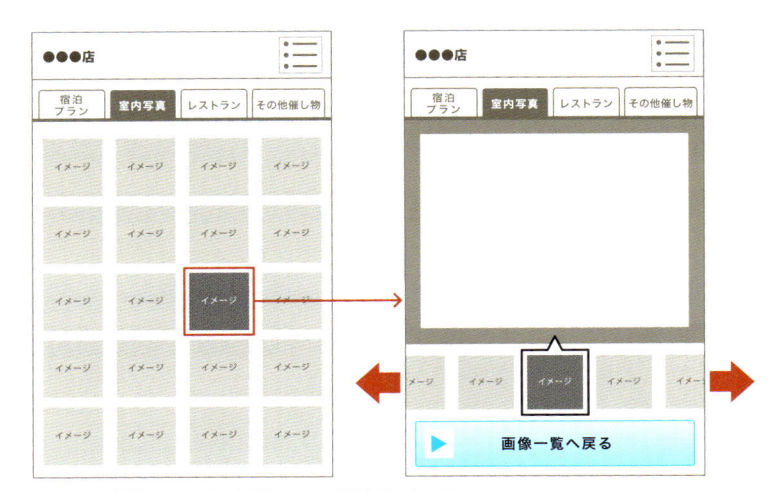

図5-6-2●拡大ページで左右フリックに対応させたUI
拡大後も、自由に画像の切り替えができるように保証することで、前の画面に戻らずとも閲覧を継続することができる。

サムネイルから気になる画像を選択すると、ページ遷移で拡大画像が表示されます。拡大表示された画像の下部に、5点程度の別画像を表示させるとともに、そのエリアを左右フリックで切り替えることができるインタフェースにします。
　ここでポイントになるのは、「どの画像が拡大表示されるのか？」ということを、分かりやすく明示しておくことです。今回は、「左右フリック」の中央に位置した画像を、上部で拡大表示させるというルールにしてみましょう。これにより、ユーザーが1度この画面を操作すれば、「何がトリガーになって拡大表示されるのか」がすぐに把握できるようになります。

パターン2：サムネイルの大きさを切り替えるサブメニューを用意する
　次に紹介するのは、画像一覧ページの時点でサムネイル自体の表示方法を変更してしまうというものです。図5-6-3をご覧ください。
　画像一覧の右上に、次の3つのサブメニューを設置します。

- **1. 4列配置用の切り替えメニュー**
- **2. 2列配置用の切り替えメニュー**
- **3. 1列配置用の切り替えメニュー**

　それぞれ、1列あたり何点の画像を表示させるかを表したもので、例えば「2.2列配置用の切り替えメニュー」を選択すると図5-6-3のようになります。
　このサブメニューの「3.1列配置用の切り替えメニュー」は、横幅いっぱいに画像を拡大表示させているものと、ほぼ同じ意味合いのレイアウトになります。そのため、拡大表示と同じように画像一覧ページから大きい画像で確認できるようになるのです。
　画像を大きく表示させる場合には、拡大機能を実装するだけでなく、

このようにサムネイルの表示切り替えだけで対応することも可能です。

図5-6-3 ● 画像一覧ページに次の3つのサブメニューを設置

画像を1列配置で表示させるメニューを選択することで、横幅いっぱいに画像を拡大表示させているものと、ほぼ同じ意味合いのレイアウトになる。

ユーザーの閲覧を妨げる過度な宣伝や案内は表示しない

➔サイト訪問と同時に突然表示されるバルーン

　図 5-7-1 は、レシピ情報サイトの画面です。検索エンジンでヒットしたレシピサイトを開いてみると、

- **検索エリアを覆うように案内が表示されてしまう**
- **非表示にするための閉じるボタンが小さくて押しにくい**
- **閉じるボタンを見落とし、下スクロールさせても追随してくるため、コンテンツが読みにくい**

こんな経験はないでしょうか？

図 5-7-1 ● レシピ情報サイトの画面

サイトにアクセスした瞬間に、サイト側からの一方的なアナウンスが表示されてしまうと、ユーザーはなんとかしてそれを消そうと努力します。今回のように、その案内が消しにくいものだったとしたら、不快に思うユーザーも多いはずです。もしかすると、二度と訪問しないかもしれません。

→意図しない情報は表示させない

今回の問題は、「必ずしもユーザーが欲していない情報」を、サイトにアクセスした瞬間に表示してしまっていることが原因です。レシピ情報サイトを訪れるユーザーの多くは、

- **料理の作り方を知りたい**
- **作りたいものをカテゴリから調べたい**
- **手持ち食材でできるおすすめ料理を知りたい**

など、「料理について」の明確なニーズを持っていると思います。このようなユーザーが、いざ、献立を調べようとサイトを開いた瞬間に、「下のボタンからブックマークしておくと、アクセスがスムーズに行えます」などの宣伝がされてしまうと、衝動的になんとかしてこれを消したいと思ってしまいます。なぜなら、ユーザーのニーズを満たす内容と、大きくかけ離れた情報になるからです。

それでは、一体どのようにすればよいでしょうか？ 次に示す3つの方法で、今回の問題を改善できるでしょう。

パターン1：閉じるボタンを明確にする

まず1つ目は、アクションボタンの見直しです。

今回のように、些細な内容の宣伝や案内であっても、ユーザーにとってみれば「一方的に告知される情報」となってしまう可能性もあります。

このような一方的に告知される情報は、「ユーザーの意志で自由に非表示化」できたほうが望ましいでしょう。

　この案内を非表示化するためには、バルーン内部のとても小さい×印をタップする必要があります。そもそも、この×印に気づかなかったり、押しにくかったりすることは、ユーザーのストレスを大きくしてしまう原因としても考えられます。

　図5-7-2をご覧ください。どのボタンを押せばバルーンを消せるのか、それがすぐに分かるように×ボタンを大きくしてみましょう。

　もしかすると、ただ大きくしただけでは、見落としてしまうユーザー

図5-7-2 ●　×印を大きくし、閉じるボタンを明確にした画面

もいるかもしれません。そこで、あえてバルーンの枠外へはみ出すように×ボタンを配置してみます。このように閉じるボタンの形状と配置のバランスを見直すことで、たとえ案内が表示されても、すぐに非表示にすることができるようになります。

パターン2：表示時間を設定する
　2つ目は、バルーン型の案内が出現している時間を調整するというものです。
　例えば、今回のような「ブックマーク」を促すための告知／案内であれば、その目的はユーザーへの「注意喚起」となります。そこで、サイトアクセス時に案内が表示されても、一定時間が過ぎれば自動的に非表示となるように設定します。
　バルーン型の案内文では、テキストとして表示できる限度は30文字程度であると思います。つまり、3秒〜5秒だけバルーンを出現させて、その後、自動的に非表示と切り替わるように設計することで、表示状態が続くことへのストレスを軽減する効果があります。

パターン3：バルーン型の告知／案内をやめる
　3つ目は、バルーン型の案内を表示しなくともよい場合です。
　例えば、今回のような「サイトのブックマーク」を促す告知であれば、わざわざバルーンを表示しなくとも、その必要にかられたユーザーはメニューバーから登録を行うでしょう。仮にブックマークの仕方がわからないユーザーだったとしても、コンテンツが魅力的で、閲覧を妨げるような情報が展開されないサイトであれば、再度、検索エンジンからこのサイトを訪問してくれるかもしれません。
　ストレスにつながる可能性があるバルーン型の案内を使って、ユーザーの満足度を減らしてしまうよりも、その告知をあえて取りやめてし

まう方が効果的な場合もあります。実装の有無については、そのバルーンにどのような目的を持たせるかによって検討を重ねることが重要です。

おわりに

　私には 5 歳の娘と 3 歳の息子がいます。5 歳の娘はともかくとして、3 歳の息子が iPhone を勝手に操作し、写真を撮ったり、動画を見たりしていることがあります。もちろん、高度な操作はできません。それでも、youtube で大好きな新幹線の動画を探し出し、それを食い入るように見ています。

　おそらく「基本的な操作」は、いつの間にか私がやっているのを観察していて、それを反復試行して覚えたのだろうと思います。ですが、「わずか 3 歳でも操作できてしまう UI」とは、一体どのようなものなのでしょうか?

　そこで、「おわりに」にかえて、iPhone を例にとり、息子が youtube で動画を見るシーンを考察してみたいと思います。

■第 1 の関門：ホームボタンのプッシュとロック解除

　息子の冒険 (いたずら) は、私がいない間を見計らい、充電中の iPhone を見つけるところからはじまります。

　3 歳の息子にとって、iPhone を片手だけで操作するのはとても困難です。そこで、彼はデーブルの上や畳の上に iPhone を置き、人差し指を使って操作します。大好きな新幹線の動画を見るためには、いくつかのハードルを超えなければいけません。その最初の関門が、ホームボタンの操作とロック解除です。

　iPhone のホームボタンは画面下部に存在します。タッチディスプレイは平面ですが、ホームボタンは丸い形状でちょっとした「くぼみ」があります。どうやら、このボタンを押せば、暗転している画面からロック解除画面に切り替わることを、繰り返しの操作の中で経験的に覚えているようです。

　次にロック解除の矢印を、左から右に「ドラッグ」させる必要があります。もちろん「ロック解除」というテキストは読めるはずもなく、かつ「右向きの矢印」が文脈的に意味するところも理解できていないはずです。

　それでも、ちょっとした手がかりをもとに「ロック解除画面」までたどり着きます。では、この手がかりはなにか?というところを考えてみると、

- 右矢印の厚みのある質感
- ドラッグ部分のくぼみ
- 左から右へ流れるように変わるテキストカラー

の 3 点にあるように思えます。

　右矢印は、くぼみのある部分に置かれています。唯一、厚みのあるボタンのような形状をしているのも特徴的です。同画面上、他にはない質感で、ここに選択的な注意が向きやすいようになっています。しかし、これが「押す」ものなのか、「移動」させるものなのかわからないはずです。

　そこで、ポイントになるのが「左から右へ流れるように変わるテキストカラー」です。この矢印が、右側まで移動させるものであることを、テキストカラーを変化させることで表現しています。

　一度、矢印を途中までドラッグしてしまえば、そこで指を離すと左端に戻ってしまいますので、「ああ、これはテキストカラーの変化する方向に移動させるものなんだな」ということを反復試行の中で学習しているようです。

■第 2 の関門：パスコードの入力

　次の難関はパスコードの入力です。

　私は暗証番号を設定しているのですが、それは全て連続した数字にしてあります (※これでは暗証番号と呼べるはずもないのですが)。息子にとってみれば「同じ数字を繰り返して押すだけ」の操作なので、簡単に解除してしまうのかと思いきや、実際にはそうではないのです。

　「何かの拍子に間違った数字を 1 タップしてしまっている場合」、息子はとても困惑します。例えば、大人であれば、

- 今の入力数が何カウントか
- 誤入力を消すためにどこを操作すべきか
- ×印を何回押せばよいか

これがすぐにわかります。しかし、3 歳児には難しいようです。

　間違いに気づくことなく誤入力をしてしまうと、エラー画面になります。画面が赤くなり「パスコードが違います、もう一度試してください」とアナウンスが出る画面です。設定しているバイブレーションに驚き、「これ赤になるよ、おかしい」と iPhone を渡してくることもしばしばあります。

■第 3 の関門：youtube アイコンを探し出す

　自分でロックを解除するか、私に解除してもらうと、ホーム画面の中から動画をみるための「youtube」アイコンを探し出します。

153

ただし、ここにも敵は潜んでいます。実は、私のiPhoneはホームトップにyoutubeがないのです。

これをどうやって探し出すのだろうと観察していると、まず人差し指を丁寧に画面に置き、上手にフリックさせてホーム画面を移動させます。フリックという動作が「画面を切り替えるためのもの」であることを、これまでの経験から知っているようです。

さて、画面を切り替えて探し出そうとするのですが、これまですぐに探し出せていたアイコンが、突然探し出せなくなったことがありました。それは、バージョンアップに伴い、アイコンが「テレビ」から「youtubeのロゴ」に変わった時です。

本書でも、アイコンを活用する際のポイントを述べてきましたが、ロゴに変わった時はさすがに探し出すことができず、「テレビないよ、なんで?」と助けを求めてきたこともありました。「これがテレビの代わりだよ」と教えてあげると、「これテレビじゃないよ」と反論してきました。

当然ながら、3歳児にはyoutubeのロゴが「動画を見るためのもの」であるとわからないようです。

■第4の関門：アイコンをタップする

アイコンを探し出しても、それを1タップして上手に起動できるようになるまでは練習が必要でした。皆さんご存知のとおり、iPhoneのアイコンはどれか1つを長押しすると、1秒ぐらいで「アイコンが移動できる状態」に変わってしまいます。この状態では、いくらアイコンをタップしようにもアプリが起動しません。「ブルブル」している状態は、いつもの状態と何か違っていることを、息子は目で見て簡単に把握できているようです。

こうなると「みんなブルブルになったよ」といって、私のところに持ってきます。私がホームボタンを押して解除する方法を教えたのですが、それを理解しているのかどうかはまだわかりません。ただ最近では、1タップの動作も上手になったもので、「ブルブル」になることも少なくなりました。

■最終関門：動画を探す

youtubeを起動すると、いよいよ最後の難関です。検索履歴からお目当ての新幹線の動画を探します。

youtubeを使うのは2:1ぐらいの頻度で息子の方が多いのですが、たまに娘が使った後だと、とたんに新幹線の動画を探し出せなくなります。娘は新幹線に興味はなく、よく見る動画が「プリキュア」だからです。

いつもは検索履歴に「新幹線」と入力されているので、動画一覧も「新幹線のもの」になっているのですが、検索履歴が「プリキュア」だと、その一覧はすべてプリキュアのものになってしまいす。もちろん、3歳児には再検索などできるはずもなく、そういう時は諦めて私のところにiPhoneを持ってきます。

ですが、自分が動画を見たあとであれば話は別です。すでに、動画一覧で「新幹線のもの」が表示されているので、人差し指をうまく上下にスライドさせ、お目当ての動画を探し出し、無事再生までこぎ着けます。

■考察

以上、3歳の息子が動画を見るまでのシーンを振り返ってみました。本書でも述べてきた「よいUI」となるためのポイントがあったと思いますが、お気づきになりましたか?

子供でも操作可能なiPhoneのUI、その特長的な部分は次の3点にあるのではないでしょうか?

(1) 注意が向きやすい手がかり

1つ目は、3歳児の目にとまりやすい数々の手がかりです。

例えば、ロック解除部分。これは質感や形状が他の要素と異なっていることから「それが何かをするためのもの」であることを喚起しています。また、テキストカラーをスライドさせる方向に合わせて変更させることで、「どちらに動かせばよいか」を暗に示しています。

このように、1つ1つのアクション部分に対して、対象者の注意が選択的に向きやすいようにデザインされていること。これが重要な手がかりの1つとなっていると考えられます。

(2) 意味的な制約が与えられたアイコン

2つ目は、幼児でも理解できるアイコンのデザインです。

今回の例では、youtubeのバージョンアップにともなって、アイコンを見つけることができなくなってしまいました。これまでできていたものが、突然できなくなった背景には、その「アイコン」の示す「意味」が理解できなくなったことが考えられます。

UIデザインには「アフォーダンス」という言葉がありますが、従来どおりの「テレビ」型アイコンであれば、それが「何か見るためのもの」であるという「意味的な制約」を与えることになります。そのアイコンを見たユーザーは、一定のバイアスを受けることになるため、「ああ、これは何か見るためのアイコンなんだな」とすぐにわかります。

反面、「ロゴ」を使ったアイコンでは、このような手がかりは一切ありません。文字を理解できない3歳児では、前者の方が圧倒的に分かりやすかったと言えるのではないでしょうか。

(3) 何か起きていることが一目でわかる

3つ目は、ある操作を行った結果が、すぐにフィードバックされているというものです。

例えば、パスコード入力を間違うと、画面にはアラートを告げる「赤い帯とエラーメッセージ」が表示されます。さらに、設定している「バイブレーション機能」で、エラーが起きるたびに振動します。文字が読めない3歳児でも、これらの結果を受け取ることで「今の状態は何かおかしい」とすぐに気づくことができます。

同じように、タップミスで「アイコンを移動させる状態」になってしまったホーム画面。これも、普段は揺れることのないアイコンが、すべて「ブルブル」しているため、「変な操作をしてしまった」と気づくことができます。

自分が行った操作によって「何が起きたのか」、「どういう状態になったのか」という変化のフィードバックがあることは、よいUIであることの特長の1つだと思います。

謝辞

編集者の山口政志さん

吉祥寺のカフェから新宿の事務所まで、あらゆる場所での打ち合わせにも関わらず、気軽に足を運んでいただきありがとうございました。

山口さんとお話することで、構成変更につながる面白いアイデアを思いついたり、文字よりもイメージで示すことの分かりやすさに改めて気づかされました。

私のつたない文章を最後までチェックいただき、ただただ感謝の気持ちでいっぱいです。

編集者の傳智之さん

この本が世に出るきっかけとなったのは、あの日、傳さんにお会いすることができたからだと思っています。

今回の執筆で「文章を刈り込む」という大切なことを教わりました。「要点をしぼり、枝葉を削ぎ落す」こと。これからの業務でも役立てていきたいです。

本当にありがとうございました。

2013年6月 著者

● 著者プロフィール

鈴木雅彦（すずき まさひこ）

1978年生まれ。株式会社インクスにて、金型設計のインタフェース開発に従事後、独立行政法人高齢・障害・求職者雇用支援機構にて、主に発達障害、視覚障害など様々な障害者に対する職業支援やPCを使った職場環境適応訓練などのコンサルティング業務を経験。

その後、株式会社ミツエーリンクスにて、ウェブサイト構築に関わるプランナーとして上流工程の要件定義から情報構造の設計業務に従事。2008年、インクスの同期だった山谷、木下とともに株式会社ミルの設立に参画。2013年4月、スマートフォン向けのUI設計やUXデザインを専門とする株式会社サインを設立。ウェブおよびスマートフォンアプリのUI/AIなど全般を手がけている。

東北大学大学院情報科学研究科修士課程修了（情報科学）

[website] http://www.signcorp.jp/
[Facebook] https://www.facebook.com/masahiko415
[Linkedin] http://www.linkedin.com/pub/masahiko-suzuki/34/658/88

● カバーデザイン・本文デザイン　　竹内雄二

● DTP　　酒徳葉子

● 編集　　山口政志

● 協力　　株式会社カンデンチ

● スペシャルサンクス　　岩谷洋昌さん　木下裕司さん　山谷明洋さん

●お問い合わせについて
　本書に関するご質問は、FAX か書面でお願いいたします。電話での直接のお問い合わせにはお答えできません。あらかじめご了承ください。
　下記の Web サイトでも質問用フォームを用意しておりますので、ご利用ください。
　ご質問の際には以下を明記してください。

・書籍名
・該当ページ
・返信先（メールアドレス）

　ご質問の際に記載いただいた個人情報は質問の返答以外の目的には使用いたしません。
　お送りいただいたご質問には、できる限り迅速にお答えするよう努力しておりますが、お時間をいただくこともございます。
　なお、ご質問は本書に記載されている内容に関するもののみとさせていただきます。

［問い合わせ先］
〒162-0846
東京都新宿区市谷左内町 21-13
株式会社技術評論社　書籍編集部
「スマートフォン UI デザインパターン」係
FAX：03-3513-6183
Web：http://gihyo.jp/book/2013/978-4-7741-5822-8

スマートフォン UI（ユーアイ）デザインパターン
～心地（ここち）よいユーザーインターフェースの原則（げんそく）～

2013 年 8 月 1 日　初版　第 1 刷発行

著者　　　鈴木雅彦（すずき まさひこ）
発行者　　片岡巌
発行所　　株式会社技術評論社
　　　　　東京都新宿区市谷左内町 21-13
　　　　　電話　03-3513-6150　販売促進部
　　　　　　　　03-3513-6166　書籍編集部
印刷・製本　共同印刷株式会社

＊定価はカバーに表示してあります。
＊本書の一部または全部を著作権法の定める範囲を超え、無断で複写、複製、転載、テープ化、ファイルに落とすことを禁じます。

©2013　鈴木雅彦

造本には細心の注意を払っておりますが、万一、乱丁（ページの乱れ）や落丁（ページの抜け）がございましたら、小社販売促進部までお送りください。送料小社負担にてお取り替えいたします。
ISBN978-4-7741-5822-8　C3004 Printed in Japan